ねこのみぞしる

くるねこ大和
×
今泉忠明

今日は
猫の
集会
デス!!
議題
人は猫をわかってない件

何か意見はあるかしら？
あいつら人間 猫のコト知らなすぎ
あたいたちのコト「好き好き！」って言ってるくせにぜんぜん気持ちわかってナイにょ!!
まるでわかっちゃいねえ
ホントホント
でも想像力は豊かでよくカンチガイしてましょ
このまえ甘えてスリスリしてたら
おやつとカンチガイされましたョ
ま、いただけるものはいただきますけどネ
これだからよけいに誤解が生まれるんでさ
まったくだわ

やっぱり人間て未熟ねえ
そーいやあいつにイラついてしっぽバンバンしてたら
よしよししてやるぞ―
お、うれしいか そーかそーか
なんて言ってたによ
犬とはちがうのだョ犬とは
猫はうれしい時しっぽピーンでしょ
常識でし
なんならチカラこめすぎてふるえましょ
まァでも人は人、猫とはちがう生き物だから仕方ねえかもな
いや、でもちゃんと知ってほしいによ!!
猫しか知らない猫の真実そろそろ人間に教える時かもね…
おッ待ってました!!
それではじまりはじまりー

この本に出てくる猫と人たち

ママさん
加藤家
ツマ。
猫好き。
パパさん
加藤家
オット。
猫好き。
パパさんのパパさん
加藤家
シュウト。
造園業。
玄《げん》さん♂
一家のボス
（と自分では
思っている）。
キャリ子♀
一家の
最年長猫。
モモちゃん♀
一家の
アイドル。
プリンス♂
一家の王子。

目次

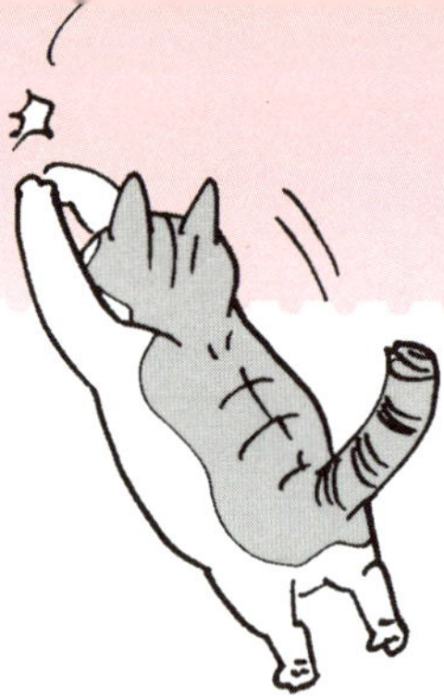

01 風呂やトイレについてくるナゾ

人間の想像編

猫の真実編
ねーん
ママさんが今日もお湯の部屋にいるにょ
ももちゃんもしっとりにょ
ジッサイ何してるんかにょ？
うーむ
べっしょ べっしょ べっしょ
おいしいのかにょ？
うーむ
うわあぁん！
おたーすけてーー
バシャ バシャ バシャ
それともピンチかにょ?!
わあああぁ
ママさーん ママさん じっかりー
ハイハイ もう少しで 出るからねー
ねーん ねんねん
…
…何してるんかにょ
ホントに
？ ？

人間の想像編
トイレ
ハイハイ
パタン
あッ
しょーがないなもー
ねぇ〜ん
ねぇーん
ねぇぇーん
カリカリ
カリカリ
愛されてるなオレ…♡
ふんふん
くんくんくんくん

愛ゆえのストーカー……ではなかった？ 解説は24ページへ

02 顔の前に肛門をもってくるナゾ

人間の想像編
さて寝るか
あら
たったったっ
カーサン カーサン
ボフ!
カーサンとねんねん
ポフ
ポフ
ホホ
カワイイねー
カーサン カーサン
プリンスは私《カーサン》が大好きだ
ホホ

ケツホール
どーん!
大好きだ……と思う
思いたい
格下か？格下なのか私は
なぜケツを向ける
顔は寄せたくないのか？

カーサンが
カーサンが
ネンネンだー♡
あら
イソイソ
イソイソ
カーサン
カーサン
ボフ
カーサンと
ネンネン♡
ボッ
ボカァ
カーサンが
大好きだ♡
よしよしよし

そんな大好きなカーサンに尊敬と親愛をこめて
パッパラ〜〜!
ささ、ニオイチェックどうぞ!!
先に嗅がせてあげましょ
ボカァ礼儀正しいなァボカァ

尻を向けるのは「尊敬」と「親愛」？ 解説は24ページへ

03 パパさんの靴下を嗅いで変な顔をするナゾ

人間の想像編
ただいまー
おかえりー
ふーー
トーサン トーサン
あー疲れた
すぐに着がえないと毛まるけにされるよー
ドサ
服ぬいでかけて
着がえて
へや着
サイコー
ひゃっはーー
はっ
くつした はきっぱ

ぬぎぬぎ
ひょい
!
くんくんくんくん
・・・・・・
ぷーくすくす 見てー くさいってよ あのカオ
ちょっと プリンス ひどいよ

トーサン
トーサン
ただいまー
おかえりー
あーつかれたー
すぐに着がえないと毛まみれにされるよー
ふんふんふん
ふんふん
ふんふんふん
ふんふんふん
ほうほう
なるほどなるほど

トーサン イイモノ食べましたね ヨカッタでしね
ひょい
!
くんくん くんくん
あわ
あわ
あわ
ここ これは～…
なんか こう 惹かれる ニオイでし
野生?! ケモノ…?
こんな時は
口で嗅ぐと ヨク判りましよ!!
ヤコブソン器官
嗅球
脳
嗅上皮
ヤコブソン器官につながる管
ニオイ
ニオイ
ニオイ
ニオイ
見てー くさいってよ あのカオ
ちょっと プリンス ひどいよ
ぷーくすくす

むしろ靴下に興味しんしん！ 解説は25ページへ

04 泣いていたらなぐさめてくれるナゾ

ガッ
ぐき
直前に
泣けるアニメを
チラ見した
せいか
涙腺が
あっさり崩壊
!!
ボタボタボタ
ペろ…
!
モモちゃん
なぐさめて
くれてるの？
優しい子…
ぎゅッ

毎朝ママさんは
ふこふこで
あそぶよ
ふこふこ
だから
ももちゃんも
おつきあい
してあげてる。
えいえい
あれッ?
ぴたッ
ウゴカナイ
ママさん?
ぐすッ

どうしたのかにょ
よしっ
?!
ガッ
何?! 何?!
どーしたのかにゃ?!
ボタ ボタ
みず? おみず?!
ボタ ボタ
メンメからおみずにょ?!
えーと
せっかくのおみずなので
なめとくか
ペロッ
ありがとね
ミオアジ
ぎゅッ

水分補給はとっても大事。解説は25ページへ

01

風呂やトイレについてくるナゾ

ふだん入れない場所をチェックしたい

風呂やトイレは家の中なのにふだんは入れず、猫にとって縄張りにしきれていない場所。チャンスがあれば探索したいという気持ちがあります。ですから人間が風呂やトイレに入るときはついていってのぞきこみ、扉が目の前で閉められてしまうと、気になってにゃーにゃー鳴くのです。もちろん、飼い主のストーカーのような猫もいますから「愛されている」可能性がないわけではありません。

くん
くん

02

顔の前に肛門をもってくるナゾ

親愛のしるしでニオイを嗅がせてくれている

お尻のニオイを嗅ぎ合うのは猫どうしの挨拶。猫の世界では、まず上位の個体が下位の個体のニオイを嗅ぎ、次に下位の個体が上位の個体のニオイを嗅ぐというマナーがあります。よって猫がお尻を鼻先に向けてくるのは、その猫に慕われていて、表敬の挨拶をされているということ。猫は信頼していない相手にお尻は見せませんから、あなたになら背後をあずけられるという信頼の証でもあります。

ケツホール
どーーん!

03

パパさんの靴下を嗅いで変な顔をするナゾ

▶ フェロモンぽいニオイを鋤鼻器《じょびき》でチェック

猫には鼻のほかに嗅覚器官がもうひとつあります。鋤鼻器（ヤコブソン器官）と呼ばれる器官です。前歯の裏にある小さな穴からニオイを取り込み、取り込んだ先の鋤鼻器でフェロモンを判別します。人間の体臭には猫のフェロモンに似た成分が含まれているらしく、体臭の強いものを嗅ぐと、口をパカーと開けてニオイを取り込みます。つまりあの顔は「くっさー」ではなく、「このニオイ気になる〜」という顔なのです。

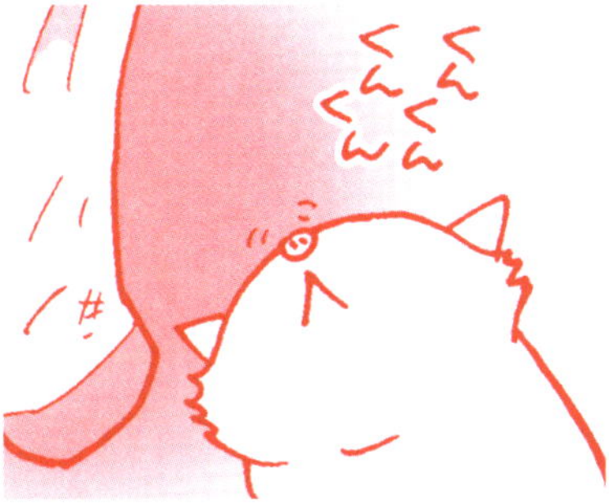

04

泣いていたらなぐさめてくれるナゾ

▶ いつもと違う様子を確認しにきた

悲しくて涙を流すのは人間だけ。ですから猫は人が泣いているのを見ても「悲しがってる」とは思いません。なぐさめるつもりもありません。ただ飼い主さんがいつもと違うことには気付くので、異変を確かめに近づきます。近づいて、飼い主さんの顔にいつもは見ない水滴（涙）がついていたら、ついペロリとなめることもあるでしょう。それで飼い主さんがなぐさめられたのなら結果オーライです。

05 排泄物が全然隠せていないナゾ

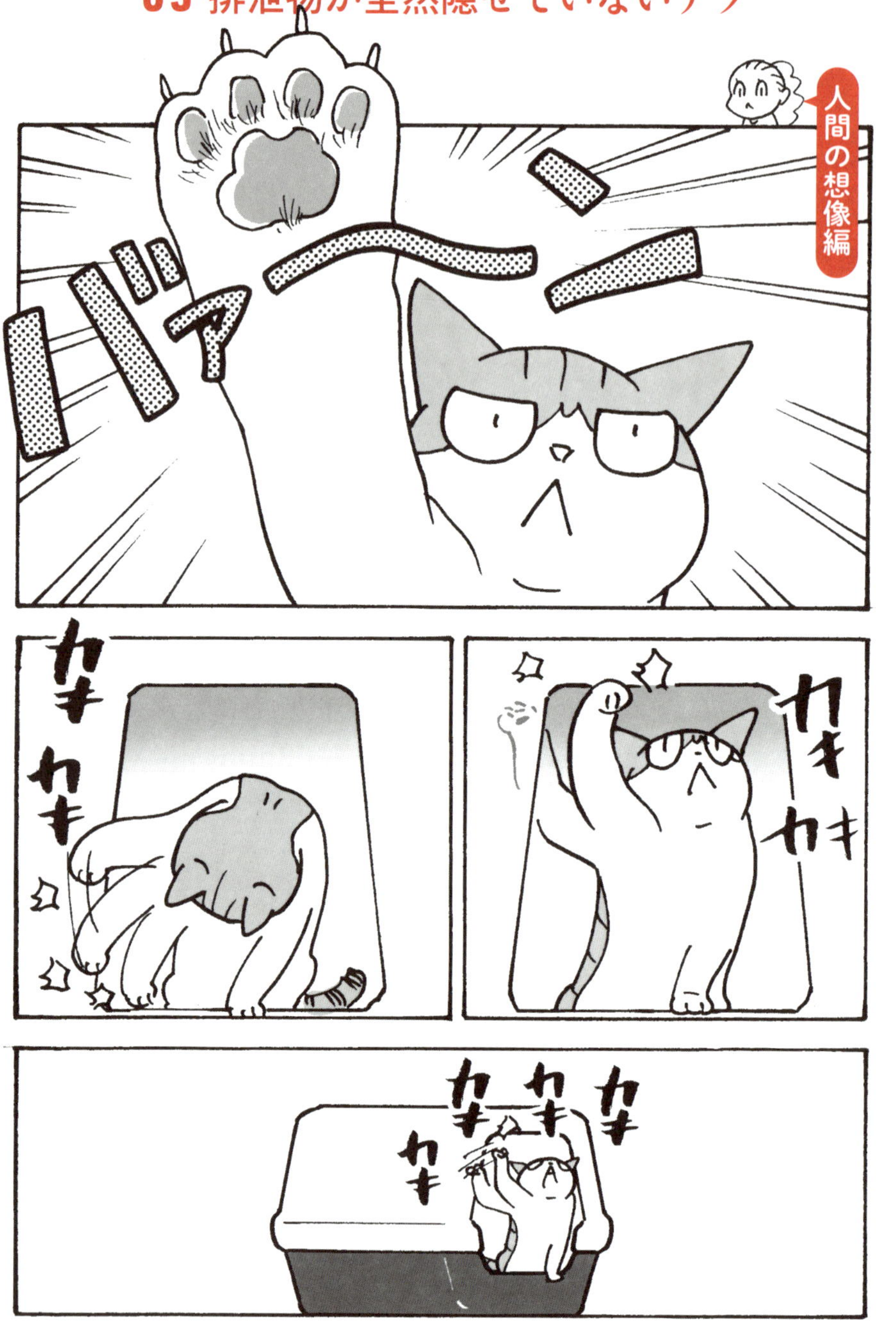

よーし
……
どーーん!
全然隠せてない
モモちゃんて
ちょっと足りない子かしらね
ざくざく
おッ
カンシンカンシン

ずどん
ずどん
ふぅ
んグレート…
くんくんくん
うむ、よし次は
手っ手
カキカキ

そもそも隠そうとしていない。解説は42ページへ

06 診察台でのどを鳴らすナゾ

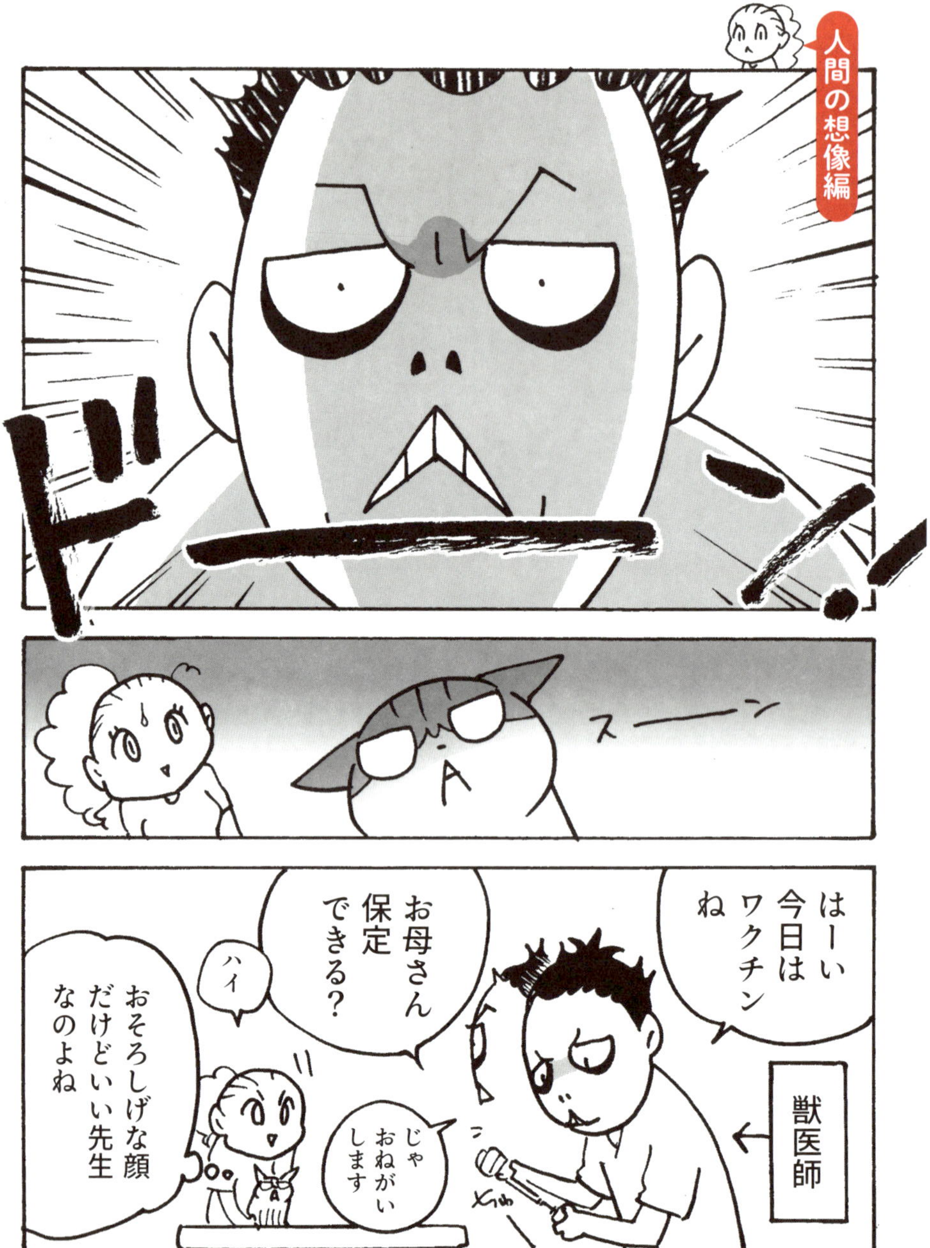
人間の想像編
ドーーン!!
スーーン
はーい今日はワクチンね
獣医師
お母さん保定できる?
ハイ
じゃおねがいします
おそろしげな顔だけどいい先生なのよね

慈愛のほほえみ
の、つもり
ゴロ…
ゴロ…
ゴロゴロゴロ
あれ ゴロゴロ いってる
先生に 慣れてきた のかしら
モモちゃん 終わったよー ワクチン証明書 作りますね
ゴロゴロ
ゴロ
ゴロ

加藤モモちゃん お入りくださーい
ハーイ
こわいこわい ヘンな音する
こわい こわい こわい こわい
こんな時はどーするモモちゃん
キャアアアアア
こわい こわい こわい
こ…
こーやー
時は…

必死に鳴らすゴロゴロもある。解説は42ページへ

07 いらないおみやげを持ってくるナゾ

ギャッ
でけえクモ!!!
と、なるのをガマンしてる
えーとこれは
キラキラ
プレゼント、そうこれは猫からのプレゼントだって聞いたことある
キラキラ
じゃあ喜んであげなきゃ
わ…わああ
ありがとう〜
あとで捨てよう
おいしそう

猫の真実編
じッ
ママさんはあーなるとちっとも動かナイにょ
カタ カタ カタ カタ
たまに動いても
こき こき
なーんも捕まえず妙なウゴキ
どんくせえ
こき こき
困ったママさんにょ
カワイソウ
フッー
パシ

仕方にゃいな
モモちゃんが狩りをおしえてあげるにょ
バババアーン!!
わ…わああ
ありがとぅ～
…なんかイマイチかにょ
おいしそう～
…そっかアレは動かにゃいからにゃ
次はハンゴロシを持ってくか
ゼータクやっちゃな

モモちゃんの親切、ママさんに届かず。解説は43ページへ

08 夫婦ゲンカを仲裁するナゾ

人間の想像編
あーたが納戸開けっ放しにするから
そっちこそフードストッカーに入れなかったからでしょ!?
!!
!!
!!
?!

!!
!!
な――っ!
あ
ごめんな
モモちゃん
ケンカしちゃ
ダメよね
ぎゅッ
ケンカの原因は
納戸の中の
フードを
モモちゃんが
食い荒らした
ことだったりする
ビリ
ビリ

ぱふー
ハう
いっぱい
にょー
!!
プ
ッ
?
うっそり
くはあ〜

もーウルサイなー
ももちゃん大声キライにょ
うるさいにょー
シーン…
おッ静かになった
ごめんね
ダッコまでしてくれてサイコー♡

結果的に仲裁。解説は43ページへ

05

排泄物が全然隠せていないナゾ

野生では前足を動かせば隠せたのです

猫の故郷であるアフリカの砂漠はそこらじゅう砂だらけ。まわりを適当にカキカキすれば排泄物を隠すことができました。よって猫は、「排泄後は砂で排泄物を隠す」ではなくて、「排泄後は前足でカキカキする」という習性を身につけました。現代のように小さな砂場（トイレ）で排泄するようになったのは、猫の歴史からすればごく最近のことなのです。

06

診察台でのどを鳴らすナゾ

ゴロゴロ＝ご機嫌とは限らない

ゴロゴロ音はもともと、子猫が母猫のお乳を飲みながら「元気だよ、おいしくて満足だよ」と伝えるサイン。そのため基本的にはご機嫌のサインなのですが、ケガをしたり精神的にピンチのときにものどを鳴らすことがあります。理由ははっきりしませんが、自らリラックス状態を作り出そうとしているのかも。ゴロゴロの周波数には痛みをやわらげたり、ケガを早く癒やす効果があるともいわれます。

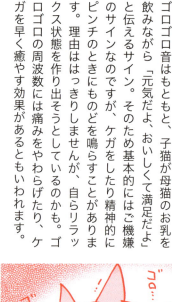

07

いらないおみやげを持ってくるナゾ

あなたに狩りを教えようとしている？

野生の猫は子猫に狩りを教えるとき、はじめは自分が殺した獲物を子猫のもとに持ち帰り、次に半殺しにした獲物を持ち帰って仕留め方を教えます。獲物のおみやげはこの行動がルーツ。つまり猫は、なぜか飼い主を「狩りができない半人前」と思い込み、親切にも狩りを教えようとしてくれているのです。

08

夫婦ゲンカを仲裁するナゾ

「仲裁」と思うのは罪悪感があるから

猫は「いつも通りの平穏な日常」を好みます。人間がケンカをしていると、いつもと雰囲気が違うしうるさいしで心が落ち着かず、大声で鳴くこともあります。それで静かになったら「鳴くのは効果あり」と覚えて、次にまたケンカが勃発したら同じように鳴くわけです。そう、ある行動をしたことでよいことが起きたら、猫はそれを学習してくり返すようになるのです。結果的に仲裁になっているなら、ウィンウィンですね。

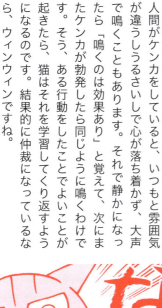

09 同居猫を見分けられないナゾ

人間の想像編
玄さんは漢《おとこ》のなかの漢《おとこ》！
ぷりーん
——だった
スーン
去勢
ただいまー
みんな玄さん帰ってきたよー
やさしくしたげてねー
?!

ただいま
なんだかSーとーが
ヒリヒリする
帰《けえ》りやした
きゃあああああ
シャーッ
えー
あこしですよう
……
……
みんな……
一泊の入院で
玄さんのコト
忘れちゃったの？

猫《みんな》から見た
ふだんの
玄さん。
だいたいの
形と
ニオイで
認識している。
で
今回のあれは

猫の認識力は人と違うから……。解説は60ページへ

10 ごはんの時間がわかるナゾ

ガタン
ブロロロン
そして16時になると
お…
重…
カタカタ
なーなーうう
なーなーなー
めーしめし
ハイハイ
さらに17時
カチ
カチ
バァアヘン
めーしめし
めしめしめー
君らもしかして時計よめる？

ポロン…♫
♫ ポロロロン
くぁー…
遠くから保育園の帰りの音楽が聞こえてきたら
のす
のす
のす
ごはんの時間にそなえ
ぷす〜
カーサンのひざに移動
あ…
あつぅ…
おも…
ポチポチ

16時
ガタ
ブロロロロ
もうそんな時間か
にゃあにゃあ
この明るさはヨジハン
※キャリ子ルクスね
ガッ
ゴジマエキャリ子ルクス!!
※キャリ子の決めた明度
時は来たー!!!

猫に人間の時計なんぞ不要。解説は60ページへ

11 叱ると目をそらしてあくびするナゾ

人間の想像編
バナナスタンド
ステキー
めっちゃおしゃれになった
キョーーー
ダメダメ
ええー
バナナなんか食べんでしょ
カウンターにも乗っちゃダメよ

ーって
言ったでしょおお〜
ぐしゃあ…
カウンター乗ってバナナ落として
悪い子ちゃん
くは〜〜
反省してないでしょ
あくびなんかして

おかみさんが
ふんがー
ふんがー
!!
!!
なんかめっちゃおこっとる。
ああ
目を合わせたら
イカン。

目を合わせたら
……!!
ケンカになっちまう
……!!
ぷい
いやー困った
この緊張感ゆるめんと…
そーだ、あくびでもして「なんでもないですョ」風を装ってだな
くぁ～
…
反省してないでしょ
びし
あくびなんかして
えぇー

おかみさん、ケンカはやめましょうよ。解説は61ページへ

12 ウンチしたあと埋めないナゾ

人が何か食べようとするとこれよ
ぶりりあんと
しーーん…
ああ今日も埋める音がしない
ざッ
パラパラ
ひゃっはーー
うひょー
埋めなさいよ玄さん ホント いつも横着なんだから

あっしはボス!!
ビッグボス!!
そんな
あっしが今から
ボスらしく
ウンコ
するぜ!!
ボス
らしく
穴掘り
ざッ
ざッ
ざッ
ざッ

ボスらしく
ハイ
ズドーン
ズドン
ズピッ
ふう
くんくんくんくん
グレートスメル
これであっこしの存在アッピール
自信作
ひゃっは
埋めなさいよ玄さん

横着ではなくわざとです。解説は61ページへ

09

同居猫を見分けられないナゾ

シルエットやニオイが違うとわからない

猫の視力は0・2以下で人よりも劣っています。細部は見えておらず、姿形はおおよその輪郭（シルエット）で判断しています。個体識別の決め手となる体臭もいつもと違うとなれば見知った相手を判別できなくても仕方のないこと。ただ、これがきっかけで猫どうしが不仲になることもあるらしいので笑えません。家のニオイが再び猫につくまで丸一日は別の部屋やケージの中で過ごさせるといいようです。

10

ごはんの時間がわかるナゾ

猫は人より時間に正確でおかしくない

人間が時間の概念を生み出すはるか昔から、すべての生物は体内時計をもっていました。人間は文明化が進み野性がだいぶ薄れてしまいましたが、野性が多く残っている猫は体内時計がだいぶ正確。猫はカレンダーを見なくても春や秋には換毛期が来るのです。日光や周囲の物音も、猫にとって時間を知る手掛かりになります。ルーティンである食事時間の見当をつけることなどお手のものでしょう。

11
叱ると目をそらしてあくびするナゾ
目をそらすのは衝突を避けるため

猫の世界では、相手をガン見することは「ケンカを売る・買う」意味になります。親しい間柄なら目を合わせても問題ありませんが、見知らぬ相手だったり、信頼している飼い主さんでも威嚇している（ように見える）ときは、ケンカを避けるため目をそらします。また、眠くもないのにあくびをするのは「転位行動」といって、自分や相手を落ち着けるためのしぐさ。不真面目な態度ではないので誤解なきよう。

12
ウンチしたあと埋めないナゾ
ウンチ臭で自分をアピールする自己主張の強い猫

野生の猫は縄張りの内側では、自分の存在を消すために排泄物を隠します。ですが縄張りの境界線では、ほかの猫に「ここからはオレのシマ！」とアピールするため排泄物を隠しません。多頭飼いの家庭で縄張り意識の強いオスなどは、排泄物を隠さずにわざとニオイを広げることもあるでしょう。埋めるしぐさもしない場合、アピールの可能性大です。

今日の猫模様

玄さんの特技

玄さんは「取ってこい」ができる
ホイ
持って来やしたーッ
ドドドドドド
ポト
投げたのと違うのを取ってくるが。
ポト
……
本猫が楽しけりゃヨシ
ホイ
ひゃっほ

キャリ子ルクスの秘密

夏の夕方
そろ そろ
ゴジマエ キャリ子ルクスね
冬の夕方
そろ そろ
ゴジマエ キャリ子ルクスね
夏と冬 同じ時間でも
夏
冬
明るさは まったく違う
どうして時間がわかるの?
猫って……やっぱり
ミステリアス
腹時計である
ぐ〜……

13 人がなでたところをなめるナゾ

人間の想像編

…
よしよし
ぺろぺろぺろ
よしよし
ぺろぺろぺろ
よしよしよしよし
…
ぺろぺろぺろ
一句
ホントウはなでられるのイヤですか？
詠み人　パパさん
ぺろぺろ

ホホホ
ごくらく
ごくらく
よしよし
ホホ
苦しゅうない
パパさんのニオイ
気になるわ

なめるのは嫌だからじゃない。解説は80ページへ

14 カーテンにオシッコをかけるナゾ

人間の想像編

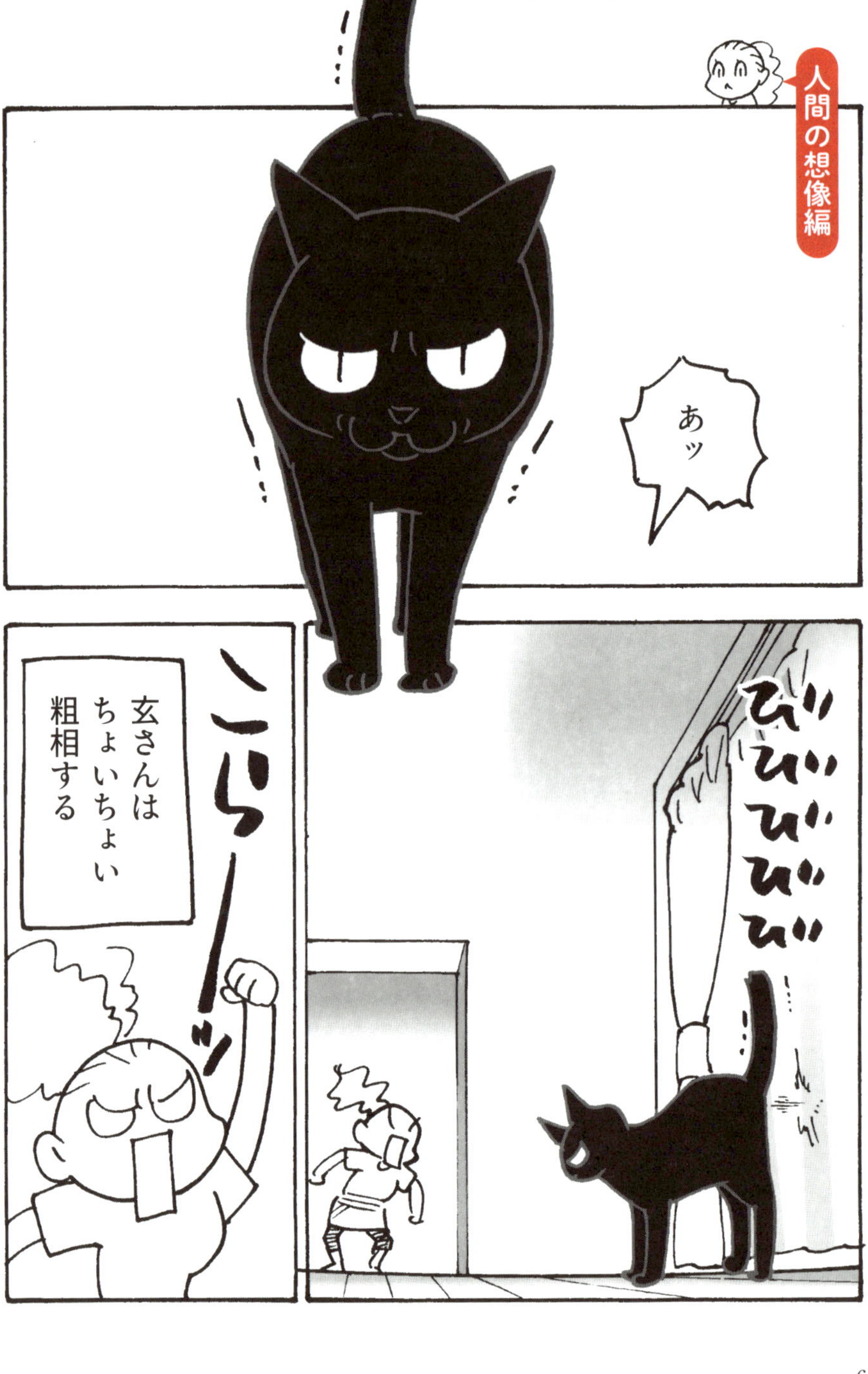

あッ
ぴぴぴぴぴ
玄さんはちょいちょい粗相する
こら──ッ

ゴウンゴウン
ゴウンゴウン
ずどーん
ずどーん
ウンコはトイレでするのに
埋めんけど
なんでオシッコは失敗するん?
うーむ
トイレが気に入らないのかしら
ガラ〜ン
カーテンナイにょ
またオシッコしたにゃ

猫の真実編
びびびびび
カーテンはいい…
…
あっ
すぐにしみこむ
ふーッ
またオシッコしてー
おかみさんやるしてくだせえ
ぴゃーッ

粗相ではなくわざとです。解説は80ページへ

15「ごはん」と鳴くナゾ

ちょっとちょっと奥さん今の聞きまして!?
オホホホホホ
奥さんはアンタや
聞いた聞いたゴハンって言ったわ
もいっかい言ってみて
ねっねっ
今のもういっかい
…
ごはん
しゃあああああ
カリカリカリ
カリカリ
ごはんの時間早くない？
キャリ子の功績に報いなくてはならんよ
カリカリ

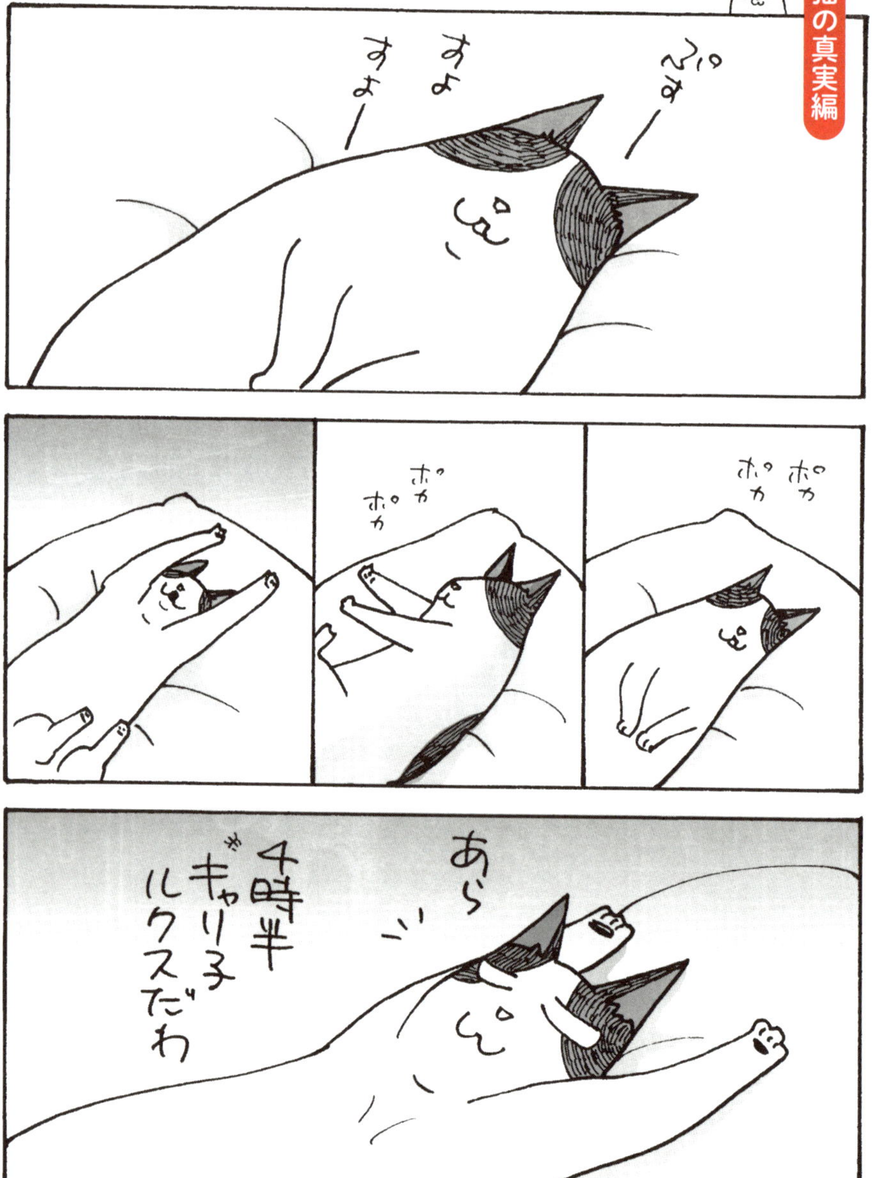

※キャリ子の決めた明度

少し早いけどおなかすいたわね
なあー
がんばっておねだりするわ
おあー
おーあぁあ
ごあん!!
がんばりすぎてヘンな声に
ちょっと奥さん今の聞きまして
聞いた聞いた
カリカリ
ああ言えばごはんくれるのね

こうして猫は「ごはん」を覚えた。解説は81ページへ

16 マタタビに酔っぱらうナゾ

ゴッゴッゴッゴッ
ぷはー
カン。
よーし君たちにもいいものあげよう
ハッハッハー
乾燥マタタビの実
うぇうぇーい
へへ〜い
にゃはははははは
全員ヨッパライ
うぇっへへ
あのーただいまー

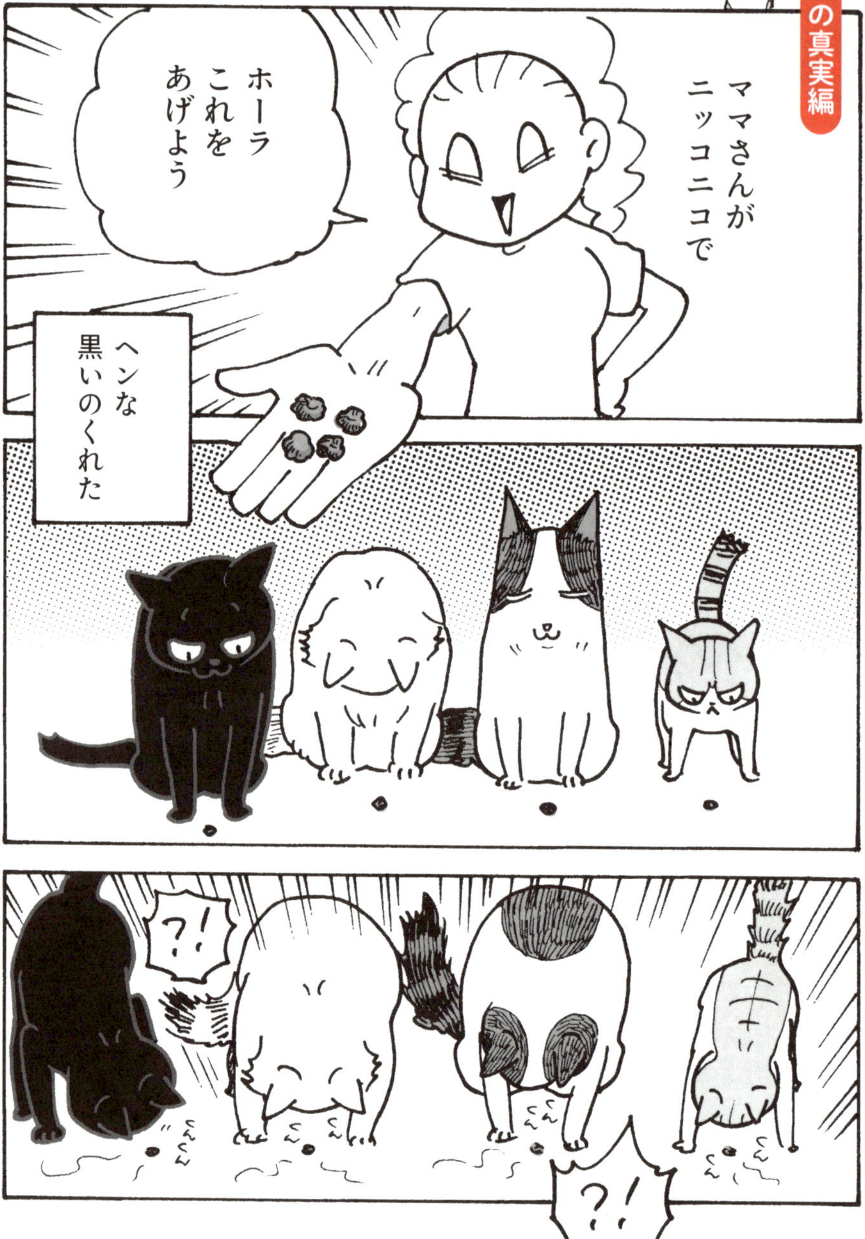

ママさんがニッコニコで
ホーラ
これを
あげよう
ヘンな
黒いのくれた
?!
くんくん
くんくん
くんくん
くんくん
?!

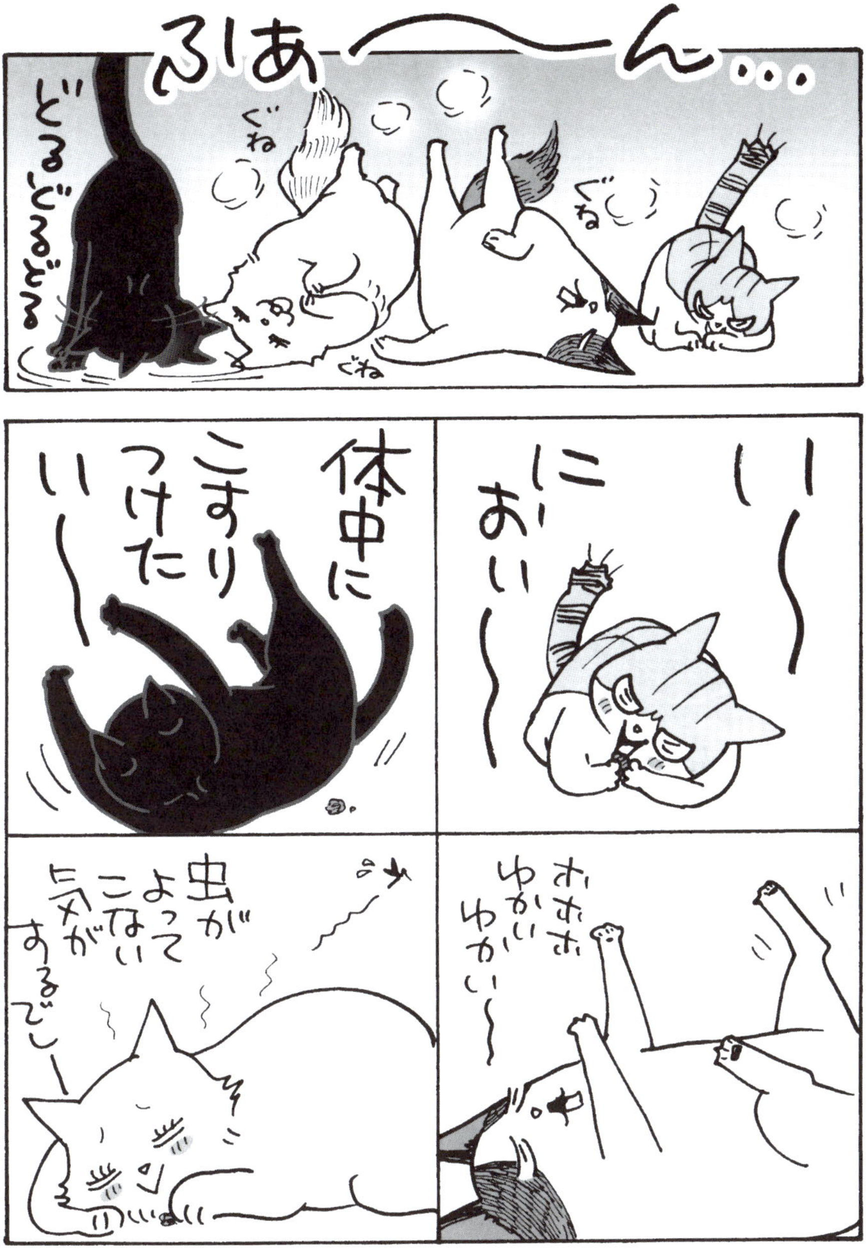
ふあ〜〜ん…
どるどるどる
ぐね
ぐね
ぐね
い〜〜
におい〜〜
体中にこすりつけたい〜〜
おおお
ゆかい
ゆかい〜〜
虫がよってこない気がするでし〜

「虫がよってこない気がする」？　解説は81ページへ

13 人がなでたところをなめるナゾ

▶飼い主のニオイを味わいつつ微調整

これはニオイのバランスを整えるための行動です。猫にとって最も落ち着くのは「自分のニオイ＋飼い主のニオイ＝家のニオイ」。なでられたところは当然、飼い主のニオイが強くなります。舌でなめて飼い主のニオイを味わいつつ自分のニオイを足せば、またよきバランスに戻ります。そんな微調整など気にしない大らかな猫もいますけどね。もちろん、乱れた毛並みを整える意味もあります。

14 カーテンにオシッコをかけるナゾ

▶高い場所にニオイをつけて縄張りアピール

足を伸ばしたまま後ろ向きに飛ばすオシッコは完全にマーキング目的。なるべく高いところにオシッコをつけることでニオイを広がりやすくし、ほかの猫に「ここはオレのシマ！」とアピールしています。縄張り意識の強いオス猫に多い行動で、とくにオスを多頭飼いしている家庭ではマーキングが多発します。去勢手術をしてもマーキング癖は直らないことがあるので、やれやれです。

15

「ごはん」と鳴くナゾ

そう聞こえる鳴き方をたまたましただけ

ごはん前はおねだりでよく鳴くものですが、たまたま「ごはん」と聞こえる鳴き方をしたときに人間が強く反応して、さらに猫にとってよいこと（実際にごはんを与える）が起きると、意味はわからなくても「この鳴き方をすればいいことが起きる」と覚えます。次からも「ごはん」と聞こえる鳴き方をくり返し、その行動が定着することもあります。

16

マタタビに酔っぱらうナゾ

マタタビの蚊除け成分を体につけたい

マタタビの成分に蚊除け効果があり、猫はそれを体にこすりつけるためにクネクネしていたとわかったのは2021年のこと。蚊に刺されるとかゆいだけでなく感染症が移ったりもしますから、こうした習性があることは生存に有利に働いたと考えられます。もっとも猫は「蚊除けになるから」と意識してやっているわけではなく無意識の行動。マタタビを嗅ぐと気持ちよくなり、クネクネしたくなって、それが結果的に蚊除けになるというわけです。

17 ほかの猫を毛づくろいするナゾ

みチッッッちり
ぷッ
べろーん
ねろーん
べろーん
ねろーん
ホホ 仲いいわね
ぶっちん
ねちねち ねち
うぅ
いやいやいや それはちょっと
やりすぎなんじゃあ…

んべろ〜
〜ん。。

単に仲良しなだけじゃあない。解説は98ページへ

18 玄関で出迎えてくれるナゾ

人間の想像編

チャリ
チャリ
カチャン
ギィ
ちんまり♡
お～玄さん
今日もお出迎え
ありがとね～
ボカァ
愛されてる
なァ
ボカァ♡
スリ
スリ
スリ

カツ
カツ
カツ
コツ
コツ

ダンナだなこりゃ
くはー…
ま、念のためカクニンに行くか
カチャン☆
ギィ
やっぱりダンナだ
あッまたヘンなニオイつけてー
くんくん
ここはあっこのニオイをつけてと
すりすりすりすり
これでヨーシ

愛ではなくて縄張りチェック。解説は98ページへ

19 ドアを開けられるようになるナゾ

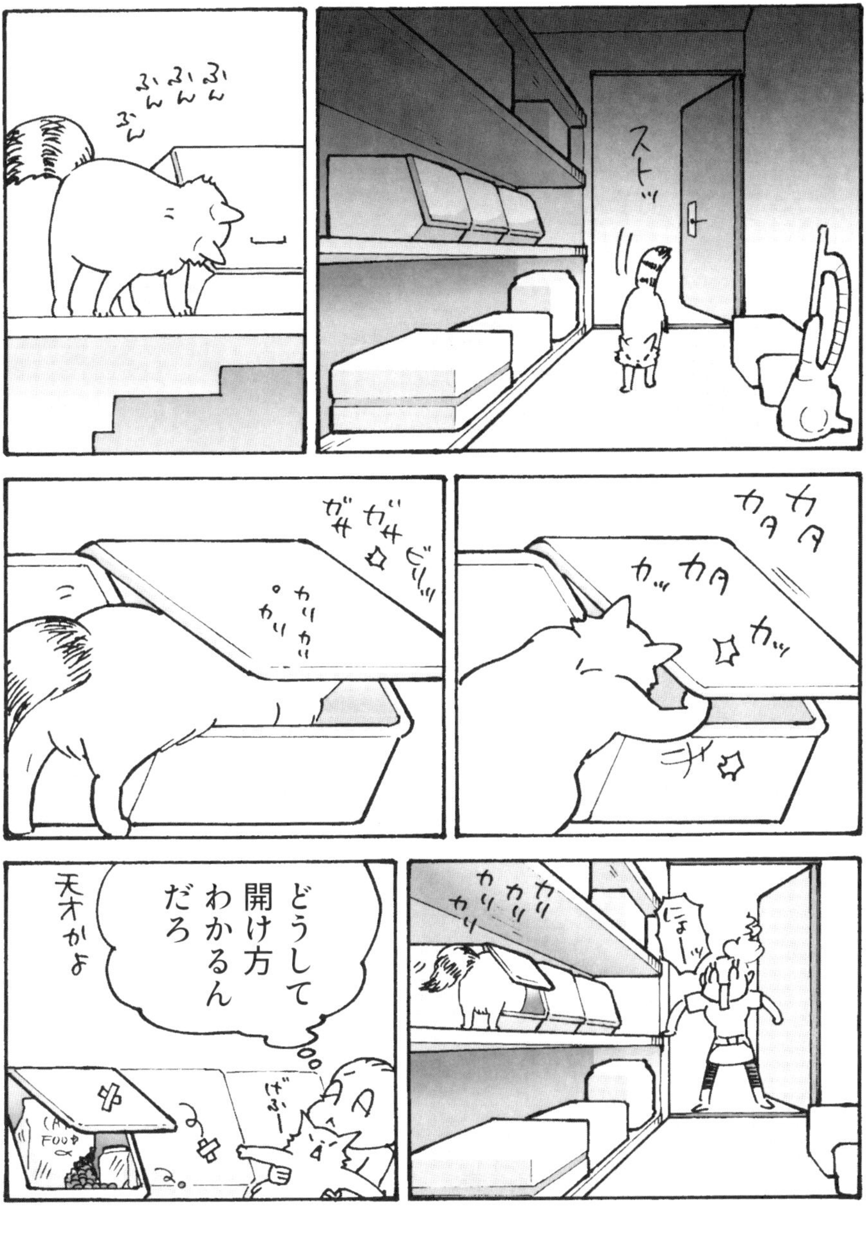

ストッ
ふんふんふんふん
カタカタ
カッカタ
カッ
ガサガサ
ビリッ
カリカリ
カリ
カリカリカリ
にょーッ
どうして開け方わかるんだろ
天才かよ
げふー

じー
たた
たた
たた
キィ
……
ふーん
パタン

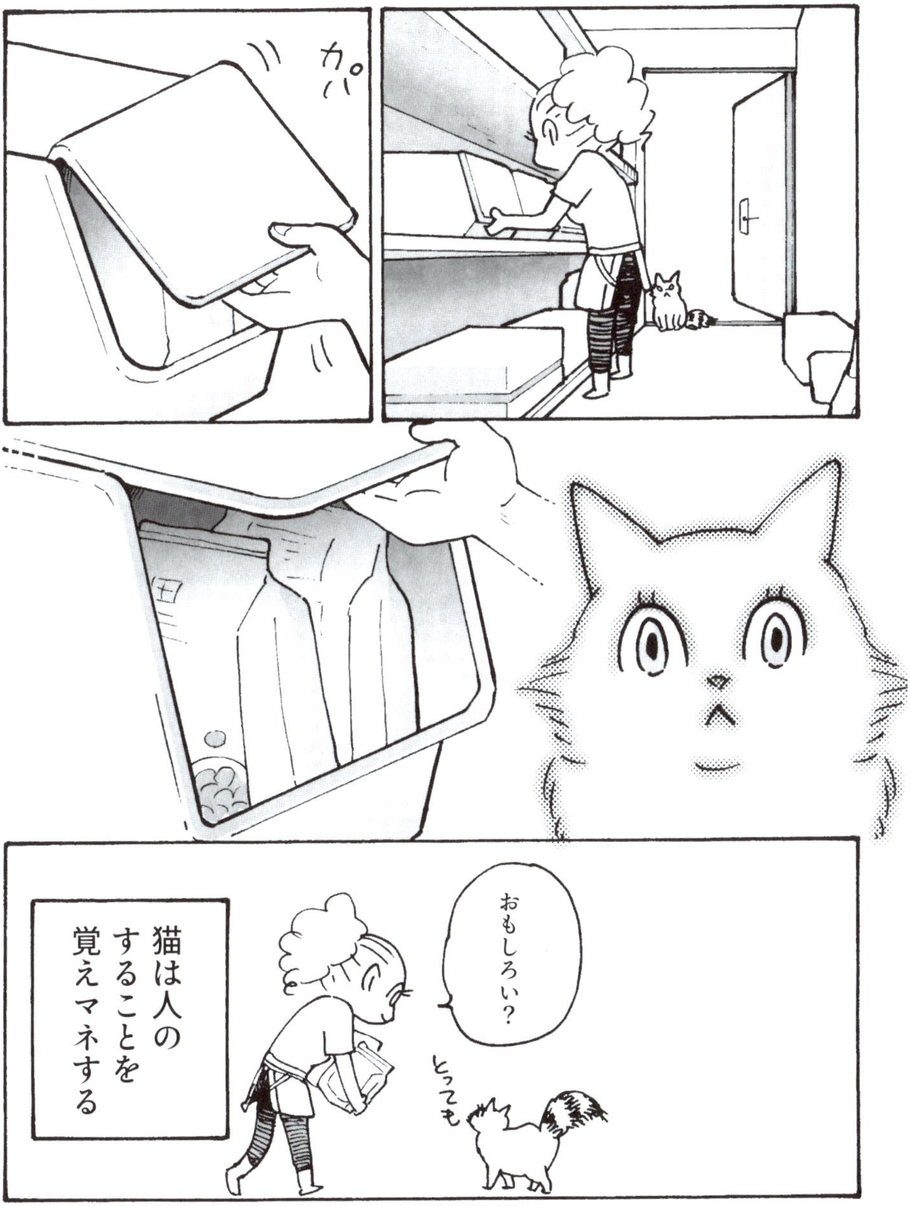
カパ
おもしろい?
とっても
猫は人のすることを覚えマネする

あなたの行動、見られてます。解説は99ページへ

20 突然嫌われるナゾ

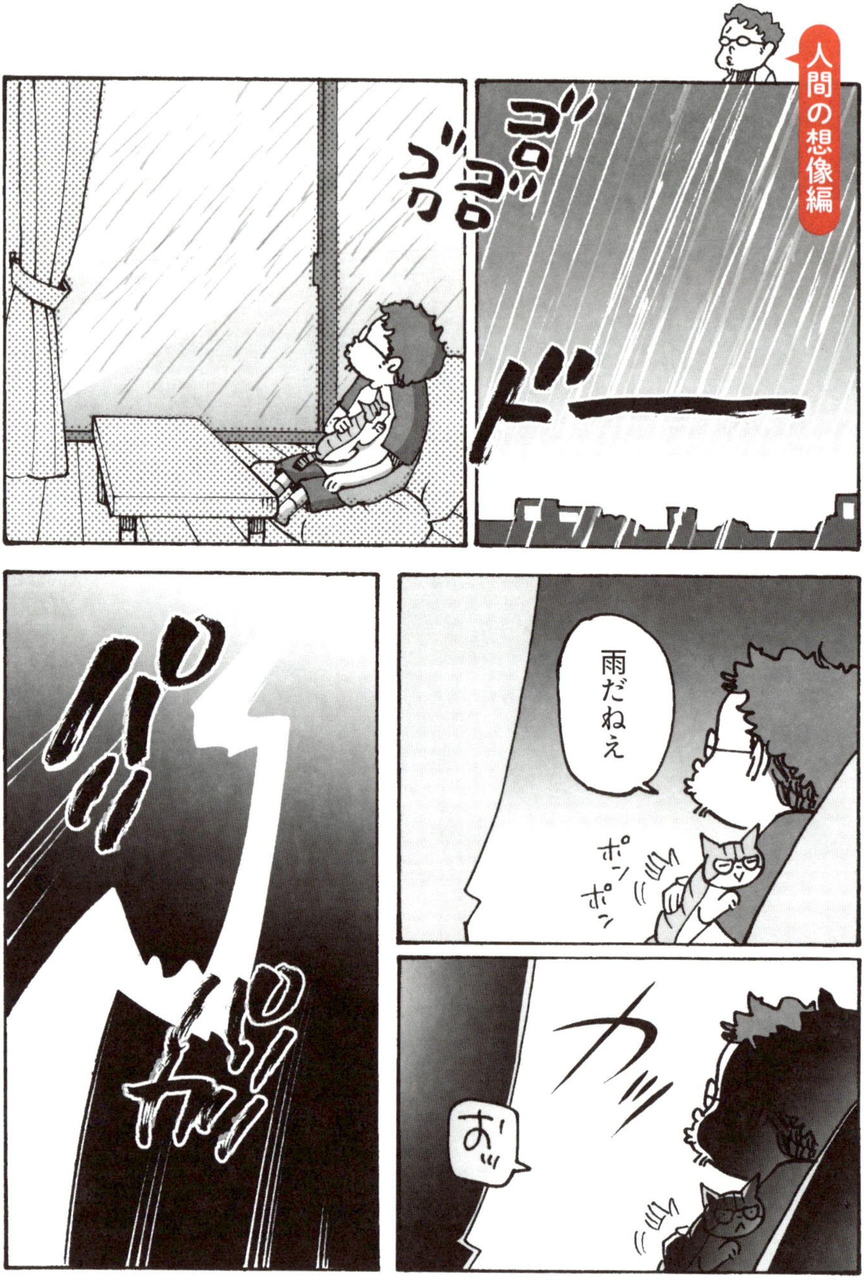
人間の想像編
ゴロゴロ
ドーーー
雨だねえ
ポンポン
カッ
お!

ゴロゴロゴロ
キャー
・・・
トン
モ…モモちゃん
ビシ
ふおん ふおん
それからしばらく
むー
ホラ、ねッ晴れたよー
モモちゃんの怒りは収まらなかった
う〜〜

ポン
ポン
ゴロゴロゴロ
雨だねえ
ポン
ポン
ドー
ポン
ポン
ポン

カッ
モモちゃん
把握《はあく》した
今のは
こいつの
せいにょ!!
モ…
モモちゃん
ビシ
オマエ
ワルイヤツ!!

理不尽だけど、それが猫。解説は99ページへ

17

ほかの猫を毛づくろいするナゾ

マウンティングの一種で上が下を毛づくろい

仲の良し悪しに関係なく、猫の世界には必ず上下関係があります。毛づくろいする間柄は仲良しであることは間違いありませんが、基本的には上の立場の猫が下の立場の猫を毛づくろいすることが多いのです。要は、一種のマウンティング。ヒゲを噛みちぎるのは相手の感覚を鈍らせてそばに置くための行動で、母猫が子猫に行うことが知られています。

べろ——ん
ねろ——ん
ガシッ

18

玄関で出迎えてくれるナゾ

お出迎えは縄張りチェックの一種

聴覚が優れている猫は、飼い主が玄関を開ける前から足音などで誰が来たのか見当がついています。ただ、念のため目でも確認しようと玄関に見に来ます。飼い主さんは外でいろんなニオイをつけてくるため、見に来たついでにスリスリして自分のニオイを再付着。帰宅が嬉しくて甘えているのではありません。「いつもの家庭」を取り戻すためのルーティンです。

ここはあこのニオイをつけてと
すりすりすりすり
これでヨーシ

19

ドアを開けられるようになるナゾ

飼い主さんの行動を見てハウツーを学んでいる

母親が獲物を狩る姿を見て、子猫は狩りの仕方を学びます。猫は他者の行動を見て学ぶことができるのです。最も模倣しやすいのは別の猫の行動ですが、人の行動も模倣できることがわかっています。ドアノブにぶら下がってドアを開ける猫がいるのは、ドアノブを手で下げて開ける人の様子を観察していたから。猫の学習力、バカにできません。

20

突然嫌われるナゾ

とばっちりで嫌われることもある

猫にとってすごく「嫌なこと」は強く脳に刻み込まれ、以降、猫は同じ目に遭わないように避けるようになります。困るのは、嫌なことが起きたときにたまたまそばにいた人やそれが起きた場所など、無関係なものまで嫌いになってしまう場合があること。雷が落ちたのは飼い主のせいじゃないのに、その場に居合わせただけで嫌われ、避けられてしまうことがあります。

21 おばさん猫がモテるナゾ

猫の真実編

細いなー
コドモっぽい
おッ
おッ
ステキ
ステキだ
どっっしり…
んふーー
みーみーみーみーみー
くぉー
子育てのベテラン太美さん
そこにしびれるあこがれるゥッ

若いメスより経産婦。解説は108ページへ

22 しっぽをパタパタ振るナゾ

あのヒトは
たまに来るヒト…
ちょっとだけキンチョーするわ…
よしよしよしよし
バ
ピ
イラッ…
……なれなれしい…
今はそんな気分じゃないケド
1回くらいは許
よしよしよし
そ〜か嬉しいかうんうん
よしよし
しつこい!!
ビシッ
アイター

しっぽパタパタはイライラのしるし。解説は108ページへ

23 旅行から帰ると冷たいナゾ

人間の想像編
海外で パパさん ママさん 共通の友人の 結婚式があり 旅行中
その間 猫たちは パパさんの パパさんに お願いしました
まかせておけ
うむ
ただいまー
す——ん
ほったらかしにしてたから怒ってるのねー ごめんよー

猫の真実編

最近あいつらがいないにょ
かわりに
バタン
今日もジィが来たゾ
今からメシにすっからな
ウン
カリカリカリカリ
カリ
ざくざく
ほんじゃな
バーイ
ウン
これからはこんなカンジなのかにょ？
と、思っていたのに
ただいまー
にしてたか
ってるの
ごめんよー
メマグルシクテついてイケン…

日常が変わるのが苦手なの。解説は109ページへ

24 あらぬところを凝視するナゾ

人間の想像編
じーーッ
じーーッ
じーーッ
じー
何も……いない
じー
ヤダ ちょっと 怖い オバケ? ユーレー?
キャアアアア
だまれ小娘
うるさいわよ!

視えるのではなく聴いている。解説は109ページへ

21

おばさん猫がモテるナゾ

子育て経験のある オトナのメスがモテる

猫は基本的に母猫だけで育児をします。自分の子孫を残したいオスにとっては、子育て経験が乏しい若いメスより、子育て経験が豊富な熟年のメスのほうが「自分の子孫を無事育て上げてくれる」可能性が高く、魅力的なのです。ある野良猫の集団では10歳を超えたメスがモテモテだったという例も。野良猫で10歳は相当な長生きですが、それだけ賢くて生命力がある猫なのでしょう。モテるわけです。

22

しっぽをパタパタ振るナゾ

イライラすると早い リズムでしっぽを振る

犬が喜んだときしっぽをパタパタ振るイメージが強いせいか、しっぽを振る＝ご機嫌と思っている人が多いようです。猫の場合、しっぽが動くのは感情が動いたときで、早いテンポで振るときは「イライラ」。床にしっぽを打ちつけるのも苛立ちの表れです。ちなみに犬がしっぽを振るのもご機嫌なときだけじゃなく、警戒していたり不安なときにも振るんですよ。

23

旅行から帰ると冷たいナゾ

環境の変化についていけず反応が鈍る

「旅行から帰ったら猫が冷たい。怒っているのかもしれない」と思うのは、飼い主さんの「猫を置いて自分だけ楽しんでしまった」という罪悪感のせいでしょう。猫にとって最も大事なのは「いつも通りの日常」で、飼い主さんの不在によってそれが崩れたことに戸惑いや多少のストレスを感じています。飼い主さんが帰宅したらしたで、また環境の変化が起こるわけで、猫はそれについていけないのです。

24

あらぬところを凝視するナゾ

人間が聞こえない物音に耳をそばだてている

猫が何もないはずの一点を凝視している、場合によっては複数の猫が同じ一点を見つめている……。これはおそらく「あらぬものが視えている」せいではなく、「人には聞こえない音が聞こえている」せいです。猫は人よりはるかに聴覚が優れていて、小さな音や超音波（人間には聞こえない高周波）も聞こえるからです。とはいえ、幽霊が視えている可能性も否定はできません。

25 首をかしげてモノを見るナゾ

猫の真実編
チリン
チリン
チリン
あれは何でしかねえ〜〜
チリ
チリ
ヘンなのーー
チリ
チリ
ほうほう
こうすると聞こえ方がかわってよく判りましてな

かわいこぶってるわけじゃないんです。解説は118ページへ

26 ミカンを嫌うナゾ

人間の想像編
うめぇ うめぇ
むっし むっし
ふん ふん ふん
つ〜ん
うわッ
猫にはこの香りのよさがわからないのね

あれはたしか
お鼻つ〜んだわ
つ〜ん
おっふ
やっぱすっぺぇぇ
それ…腐ってるわよ…
もぐもぐもぐ
信じられないわ…
お腹ピーになるわよ

猫はとにかく「酸っぱい」がニガテ。解説は118ページへ

27 おさかな好きなナゾ

猫の真実編
じーーーッ
じーーッ
キラキラ
おーー…
た…食べづらい
ほうほう
猫用の豆皿に細かく切って盛る
うまうまうまうまうまうまうまうまうまうまうまうま
オサシミはじっと見てたらもらえるにゃ
れろんれろん
やっぱり猫は魚好きだねー
肉も好きダケドじっと見ていてもくれないにょ
ヤキトリ
ステーキ

もらえるから期待する。解説は119ページへ

28 目を合わせるとまばたきするナゾ

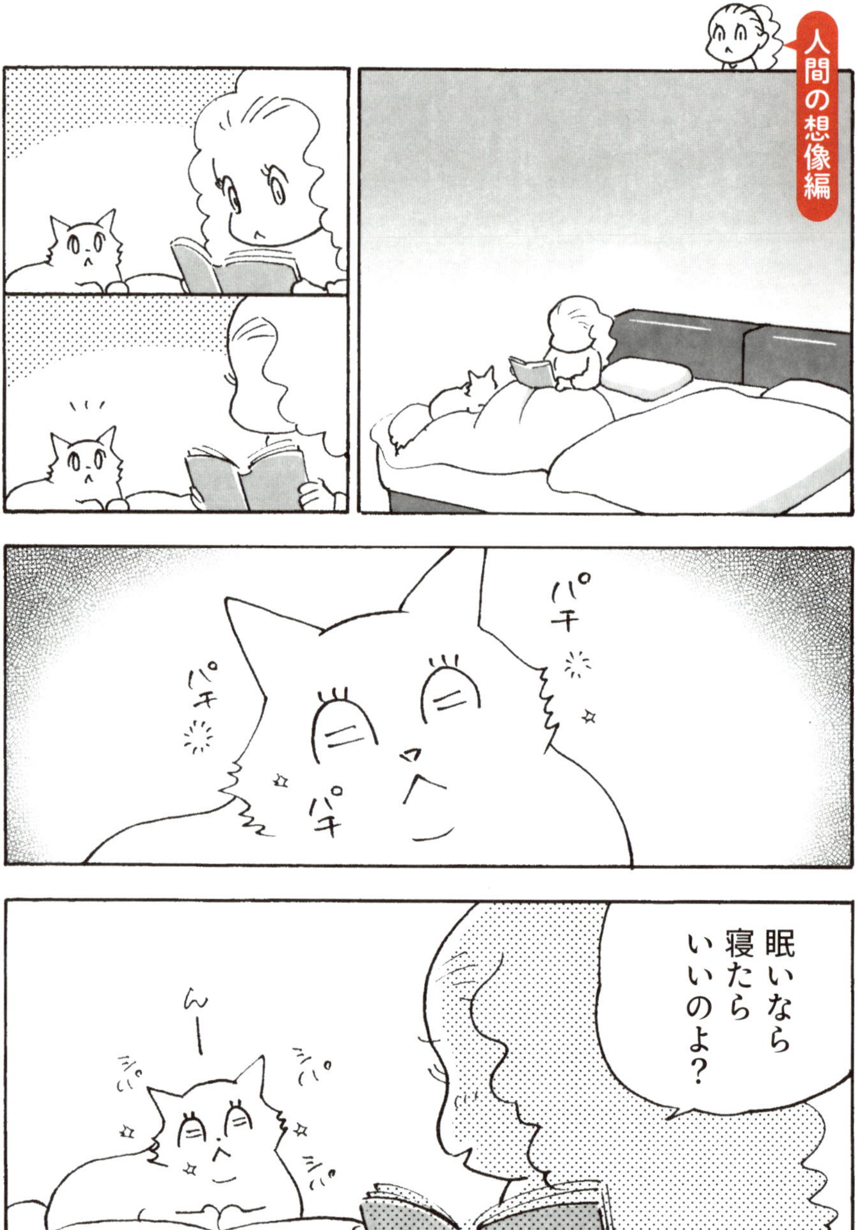
人間の想像編
パチ
パチ
パチ
眠いなら寝たらいいのよ？
んー

猫の真実編
カーサンはまだ寝ないでしか…
じー
あッ
ばばばばばっちり目が合ってしまいました
カーサン違いまし
これは威嚇じゃありましぇん
ほらね？
ほら敵意はありましぇんよ
パチ パチ
眠いなら寝たらいいのよ？
カーサンがガン見してきまし
ルールは守ってほしいで
かわいーねー
かわいー
かわかわ
かわいーー
じーー

じーっと見るのはNGです。解説は119ページへ

25

首をかしげてモノを見るナゾ

いろんな角度から情報収集するため

首をかしげると左右の耳の高さが変わり、音の聞こえ方が変わります。聞き慣れない音はこうしてよく聴こうとします。視界も同じで、首をかしげると違う角度が見えます。対象物をよく知ろうとして動物は首をかしげるのです。人間は頭の中だけで疑問を感じたときも首をかしげますが、もとは対象物をよく観察しようとするしぐさが発端なのでしょう。

26

ミカンを嫌うナゾ

猫にとって酸っぱさは腐った肉のサイン

肉食動物の猫に柑橘類の酸味は縁がありません。猫にとって酸味とは「腐った肉」（危険なもの）のサインで、嫌がることがほとんど。そのため猫用の忌避剤には柑橘類のニオイがよく使われています。ちなみに猫は砂糖などの甘味を感じません。甘味とは炭水化物のサインで、人間など雑食動物にとって有益なもの。猫にとって炭水化物はたいして必要ではないので、感知しても意味がないのです。

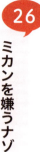

27
おさかな好きなナゾ

おすそ分けしてもらえるのはお刺身だけだから

猫はもともとネズミや鳥を狩って食していた動物。だから鶏肉や哺乳類の肉が大好きです。ですが食卓に並ぶ肉はたいてい味つけ済みで、猫におすそ分けはできませんよね。食卓に並ぶ動物性タンパク質で、味つけしていないものといえばお刺身。お刺身ならいいかと、猫におすそ分けしてあげる飼い主さんもいるでしょう。すると猫も経験則で、お刺身のときだけおねだりするようになるわけです。

28
目を合わせるとまばたきするナゾ

まばたき＝相手との衝突を避けるためのもの

11（P.52）は「猫が目をそらすのはケンカを避けるため」という話でしたが、まばたきもケンカを避けるための方法。相手を見つめつつも、まぶたをゆっくり閉じ開きすることで敵意はないことを示します。人間が猫を見つめるときも、とくに慣れていない猫が相手の場合は、半目で見たりゆっくりまばたきしながら見ると警戒されにくくなります。

MG5

よしよし
よしよし
…
モモちゃん今
よしよしの気分じゃない
イラ
イラ
イライラ
なんならこの手をガブしたい気分にょ
イラ
イラ
イラ
ゴン
ゴン
とりまイラつく気持ちをシッポで表明するにょ
すぐにガブしないモモちゃんやさしー
おッ
嬉しいか
そーかそーか
うんうん
マジでガブする5秒前
きゃー!!

飼い主の礼儀

じーーッ
じーーッ
……
じーっと見てますが（目も合ってますが）
じーー
じーーッ
じー
完璧に隠れてるつもりなので
じーーッ
気付かないフリをするのが正解
ウフフカーサン気付いてましえんねー

29 窓の外を眺めるナゾ

「散歩が必要」は取り越し苦労。解説は130ページへ

30 ジャンプに失敗して毛づくろいするナゾ

人間の想像編
トゥッ
つるッ
どすッ
ごまかしてる…
私に見られて
恥ずかしいのかしら
ペろペろペろペろ

のし
のし
のし
トゥッ
つるッ
どすッ
お…
おちつけ
おちつけボク!!
毛づくろいしておちつくでしょ!!

猫は「恥」を感じません。解説は130ページへ

31 頭隠して尻隠さずのナゾ

人間の想像編
あッ！
USBケーブル
ぶっちーん
こんなコトする悪いヤツは誰かなー？
ドキドキドキ
じーー
こそこそ
こそこそ
…
こそッ
おーい隠れきれてないぞー

こんなコトする悪いヤツは誰かなー？
ゴゴゴゴ
こわいなんかこわいでし
ゴゴゴ
体を低くして
そっと移動
そっと身をかくし
あとはじっとしてれば大丈夫!!
動いたら目立ちましよ
動いたら見つかりましよ
…

動かなければ見つからない。解説は131ページへ

32 目の前にあるモノに気付かないナゾ

人間の想像編
どど〜ん!
おーさーしーみー
べろんべろん
うまうまうま
おかわりー
ドドドド
ホラ早く食べな
他の仔が気付く前に…!
!!
どこ?
どこ?
あった!!
スッ
猫って…感覚鋭いんじゃないの?
あーッあいつだけー
ドドドドド

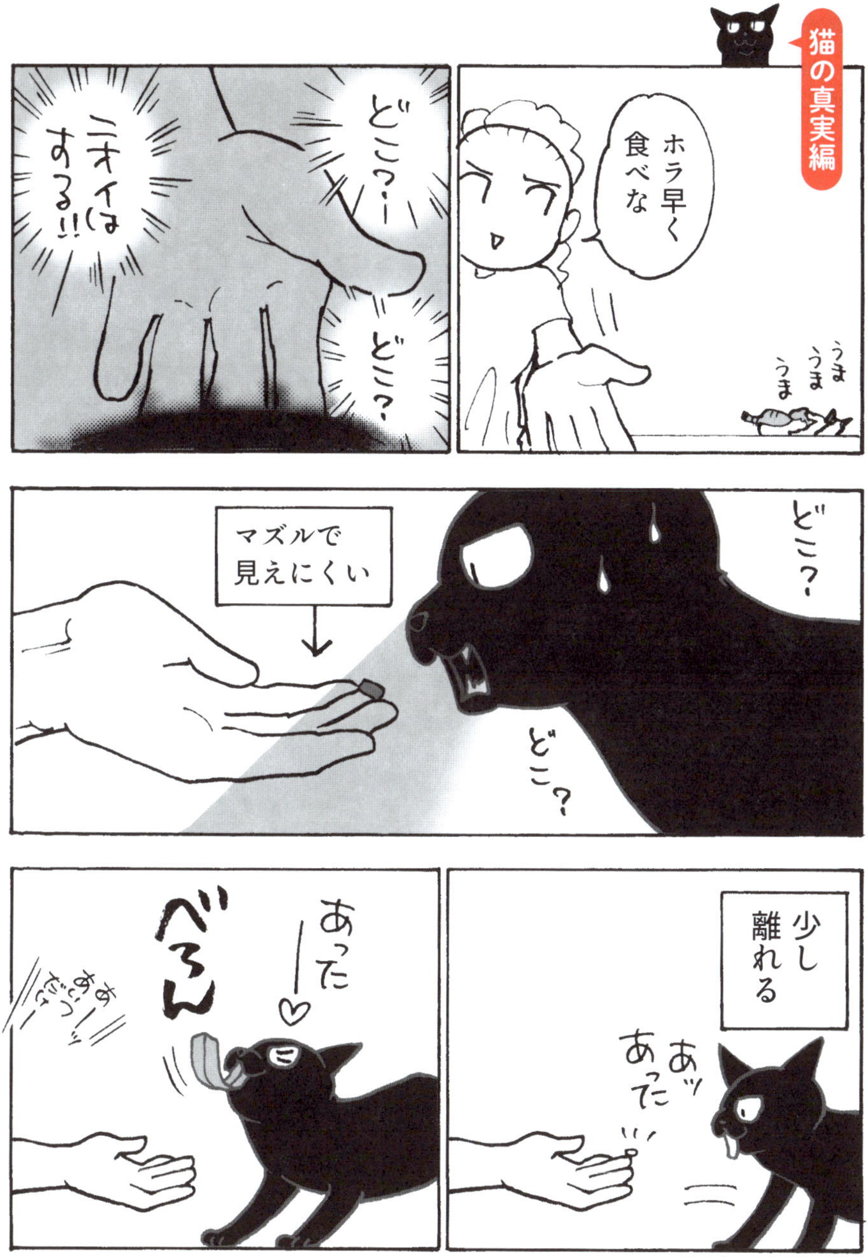

マズルの下は死角。解説は131ページへ

解説

29

窓の外を眺めるナゾ

安全な縄張りの中から外の変化を観察

「自由に外を散歩させないとかわいそう」というのは人間の思い込み。猫は人間と違って、自由に外を歩き回りたいとは思っていません。猫にとって大事なのは縄張り。安全で獲物が豊富な縄張りがあれば十分で、見回りのコストを考えると、縄張りは小さく済むなら小さいほうがいいのです。飼い猫の場合、縄張りは家の中だけで問題ナシ。窓の外を眺めているのはテレビを観るようなもので単なる暇つぶしか、縄張りの防御のつもりです。

30

ジャンプに失敗して毛づくろいするナゾ

気持ちを落ち着かせるための毛づくろい

失敗を恥ずかしがったりごまかそうとしたりするのは人間だけ。猫は野生では基本的に単独生活で、体裁を気にすることなどありません。ではなぜ毛づくろいするかというと、気持ちを落ち着かせる効果があるから。毛づくろいは本来毛並みを整えるための行動ですが、情緒を落ち着かせる効果もあるのです。そのため慢性ストレスのある猫は過剰グルーミングで脱毛してしまうこともあります。

31

頭隠して尻隠さずのナゾ

視界が暗くなれば全身隠れた気になる

自分からは見えない＝相手からも見えないと考える猫は結構いるよう。大いにはみ出ているのに隠れたつもりになっていることがあります。じつは猫にとっては、はみ出ているかどうかよりも、じっとしていることのほうが大事。猫を含む肉食動物は動体視力は優れていますが静止視力（止まっているものを見分ける力）は劣っているので、姿が見えていてもじっとしていれば見つかりにくいからです。

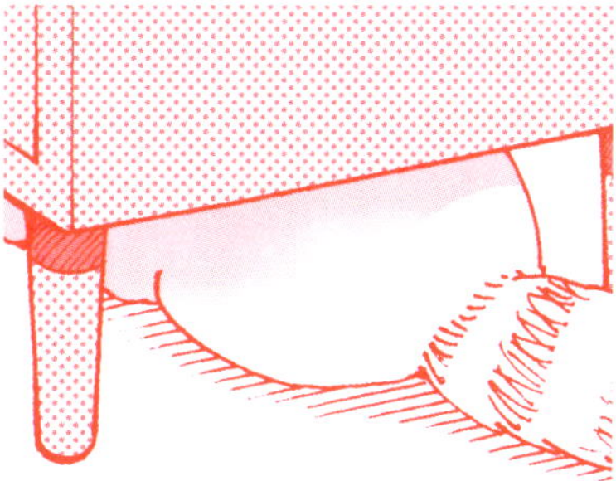

32

目の前にあるモノに気付かないナゾ

猫の視界にはマズルで隠れる部分がある

片手で握りこぶしを作って自分の鼻に当ててみてください。握りこぶしの斜め下あたりは見えなくなると思います。それが猫の視界です。さらに、猫が目の焦点を合わせやすいのは75㎝くらい先で、それより近いもの、とくに25㎝以内のものには焦点を合わせにくいということがわかっています。「ニオイはすれども姿は見えず」の状態になってしまっても仕方ないのです。

33 読んでいる新聞の上に乗るナゾ

猫の真実編

さっきから じっとして ましねえ…
ははーん…
さては おねむでしな
そーゆー ことなら おつきあい しましょ
スッ
あっ そっちで ねましか
ハイ そいねして あげましょ
もー ジャマ ばっかりー

猫は新聞も本も読まないから……。解説は140ページへ

34 盗み食いをあきらめないナゾ

人間の想像編
フードが入ってる納戸のドアに
チャイルドロック設置
可動域がせまい
これで盗み食いできないわな
ガチッ
たまにロックし忘れ
テヘ
開くよね
そのたびに盗み食いされてる
カリカリカリ
にょーッ
いつも見張ってるのかしら…
ホウホウ忘れてましな

猫の真実編

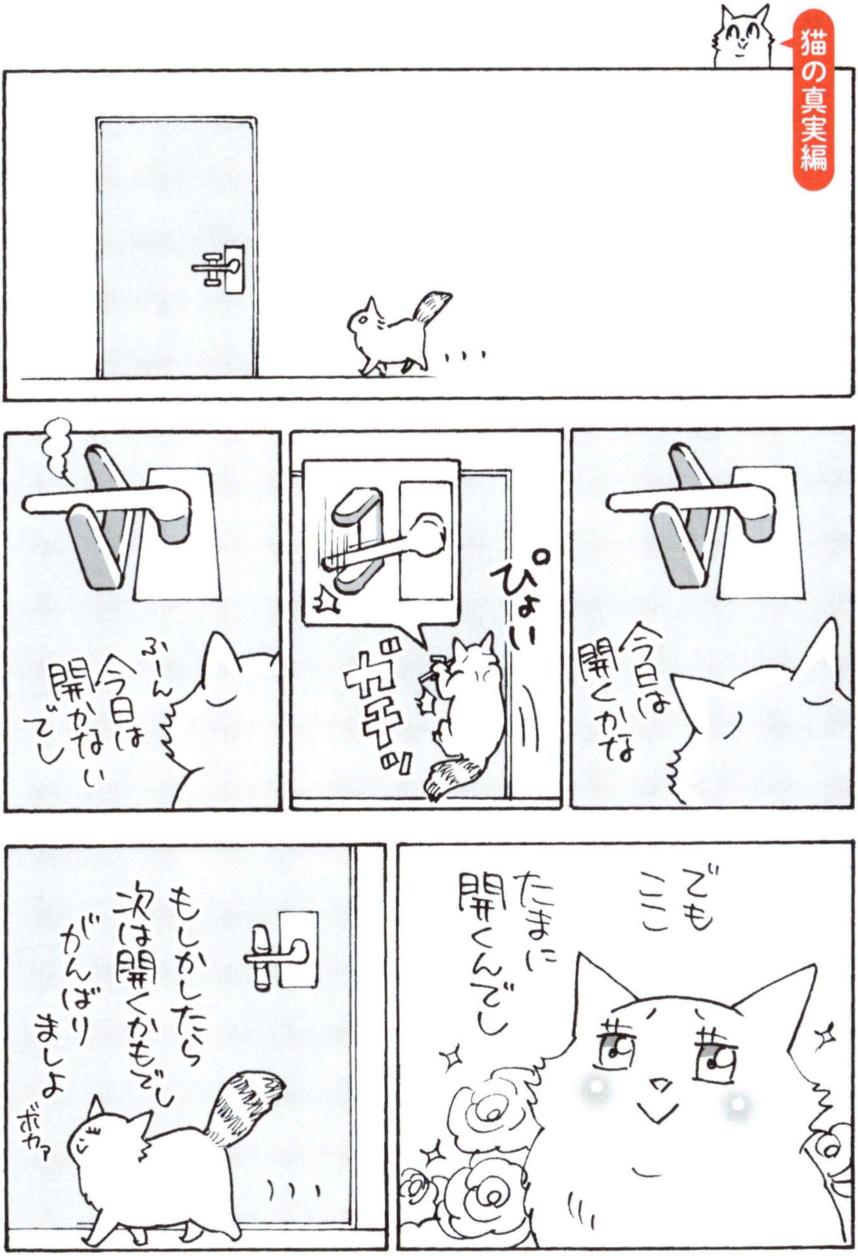
今日は開くかな
ぴょい
ガチャッ
ふーん
今日は開かないでし
でもここたまに開くんでし
もしかしたら次は開くかもでし
がんばりましょ
ボカァ

たまに当たるからクセになる。解説は140ページへ

35 水入りペットボトルを怖がらないナゾ

ほんと、なんの意味もありません。解説は141ページへ

36 砂を替えるとすぐオシッコするナゾ

人間の想像編
ざく ざく
トイレそうじ
ざくざく
猫砂
どざ
いそいそ
ざー
ざくざく
うんもオ
そんなにギリギリだったんか?
待たせてゴメンな
ぢょー
ざ〜

自分のニオイをつけておきたい。解説は141ページへ

33

読んでいる新聞の上に乗るナゾ

居眠りするなら自分もという気持ち

当然ですが、猫には「読む」という行動がわかりません。人が何かを読んでいる姿は、猫には「静かにじっとしている」ようにしか見えません。仲良しどうしの猫が添い寝するように、「じゃあ一緒に」と飼い主さんのそばに行くのでしょう。ほかに、甘えん坊で、飼い主さんの注目を浴びようとしてわざわざ視線の先に行く猫もいます。テレビ画面を隠すように陣取る猫も同じです。

34

盗み食いをあきらめないナゾ

たまに成功するのは最もワクワクする条件

チャレンジが毎回成功するわけじゃないけれど、ときどきは成功する。じつはこれ、動物が最ものめり込む条件です。人間がギャンブルにのめり込むのと同じで、たまに当たるからこそ夢中になります。ですから猫に盗み食いをあきらめさせるには「まったく成功しない」状態をキープする必要があります。「しつこく鳴いたらたまにおやつがもらえる」も同じ。一切応じないことが大事です。

35

水入りペットボトルを怖がらないナゾ

水入りペットボトルは猫避けにならない

「水入りペットボトルが猫避けになる」という話は、単なる都市伝説。なぜ日本でずっと信じられているのか謎です。ペットボトルでなくても見慣れないものがあれば、慎重な猫はしばらくは警戒して避けますが、慣れれば平気。カラス避けにコンパクトディスクを吊るすというのも同じで、効果が望めるのは最初のうちだけです。

36

砂を替えるとすぐオシッコするナゾ

自分のニオイがしないと落ち着かない

排泄物でいっぱいのトイレは猫に嫌がられますが、自分のニオイがしないトイレも猫にとっては落ち着かないもの。とくに多頭飼いの家では自分のニオイをいの一番につけようと、掃除したとたん入りたがる猫がいます。つまり目的は排泄ではなくマーキング。膀胱にオシッコが溜まっていなくてもやるので、申し訳程度の量しか出ないこともあります。

37 電話中に鳴き続けるナゾ

人間の想像編
あッ 友ちゃんからだ
着信 友子
友ちゃーん ひさしぶりー いつぶりー なつかしいいい
スピーカー
…
なーん
うんうん
えー マジで アハハハハ そーなんだ
なーん
ウロウロ
なーん
なーん
ウロウロ
あの
なあ〜ん
ごめん かけ直す
もー かまってちゃん なんだから

カ…
カーサンが
友ちゃーん ひさしぶりーー いつぶりーー
ひ… ひとりで大声出してまし…
アハハハハ
カ… カーサン
あわわわわ
カーサン いつもとチガウ
カーサン
カーサン
しっかりカーサン
オロオロ
ウロウロ
ウロウロ
カーサーン
ごめん かけ直す

猫に電話はわからない。解説は154ページへ

38 顔に箱がはまると後ずさりするナゾ

人間の想像編
いくら何でも入るには小さいんじゃあ
入った
ズボッ
フラップが引っかかって取れない
ガサ。。
にじり
にじり
ギョッ
シャー
にじり
にじり
困ってんの？
びびってんの？
くっくっくっ
笑っちゃいけない
ハイステップ
ステップ

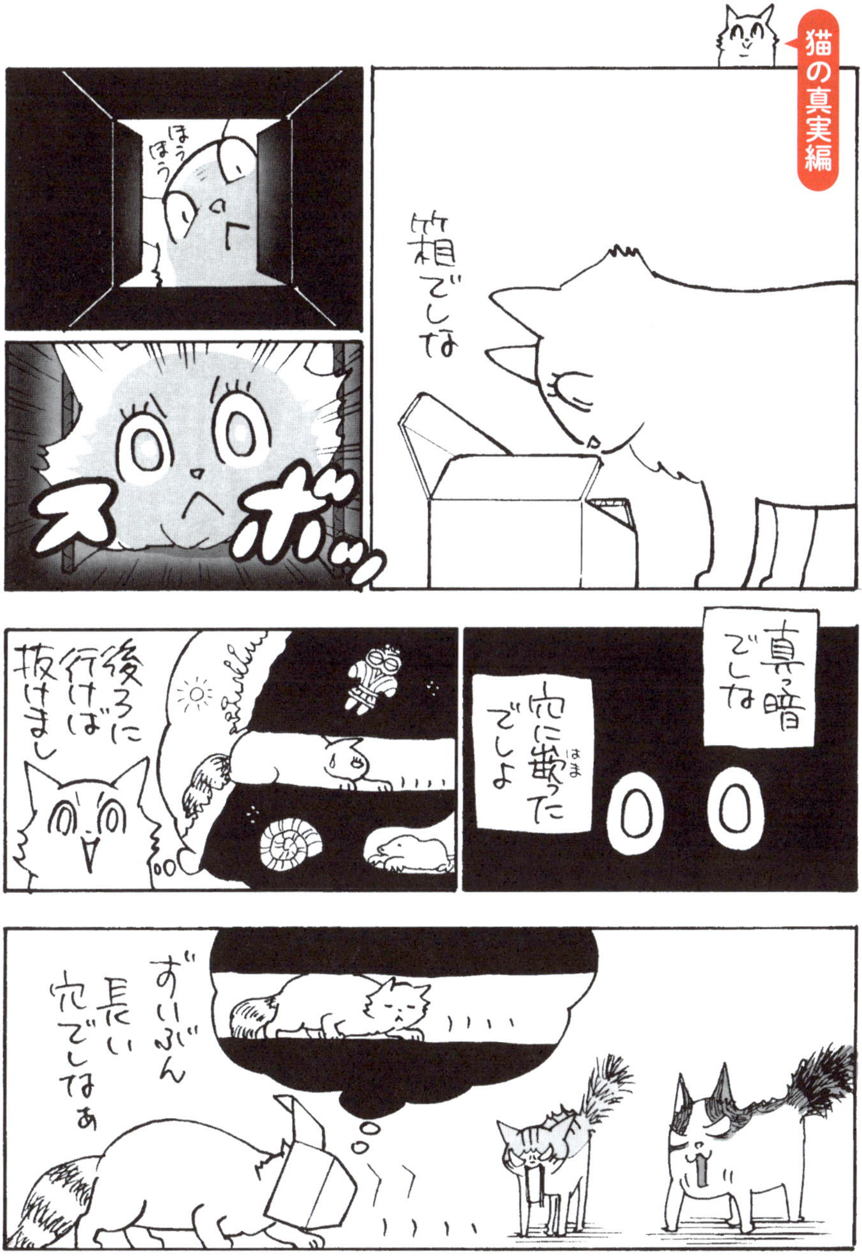

自然界ではそれでよかった。解説は154ページへ

39 なでるとおなかを見せるナゾ

反撃のための仰向けもある。解説は155ページへ

40 死ぬとき姿を隠すナゾ

人間の想像編
ミータ
子どものころからずっと一緒だったなあ
みかん
あのころは放し飼いが普通で
いってら
ミータ行ってきまーす
学校に行くときいつも見送ってくれたっけ
15年経ってミータはヨボヨボのおじいちゃんになった
ヨボ
ヨボ
ミータ行ってくるね

うむ
いってら
今からさんぽ?
すとッ
気をつけてねー
それっきり
帰って来なかった
猫は死ぬとき姿を隠すっていうけど
ぎゅッ
孤高の生き物ね…

バタン
キィ
たったったったっ
ぐぐ‥‥
くは〜‥
なんか調子悪いなぁ
ミータ行ってくるね
うむ
いってら
オレは今日はどこか静かな所で休むよ
今からさんぽ？
気をつけてねー

寝ていれば…
いつか良くなる
しばらく
ここで…
眠っていよう

再び人間編
モモちゃんが見当たらない
モモちゃーん
ガーッ
クローゼット
モモちゃーん
タオルラック
モモちゃーん
あッ
本棚
ひょい
モモちゃん探したよー
ってんん?
なんかぐったりしてない!?
どーーーん
耳の穴で測るタイプ
40.3
熱発《ねっぱっ》!!
暗い狭いところにいたんで気付くのが遅くなって…
あー猫はそうなんです
仕方ないッスよ
てんてき

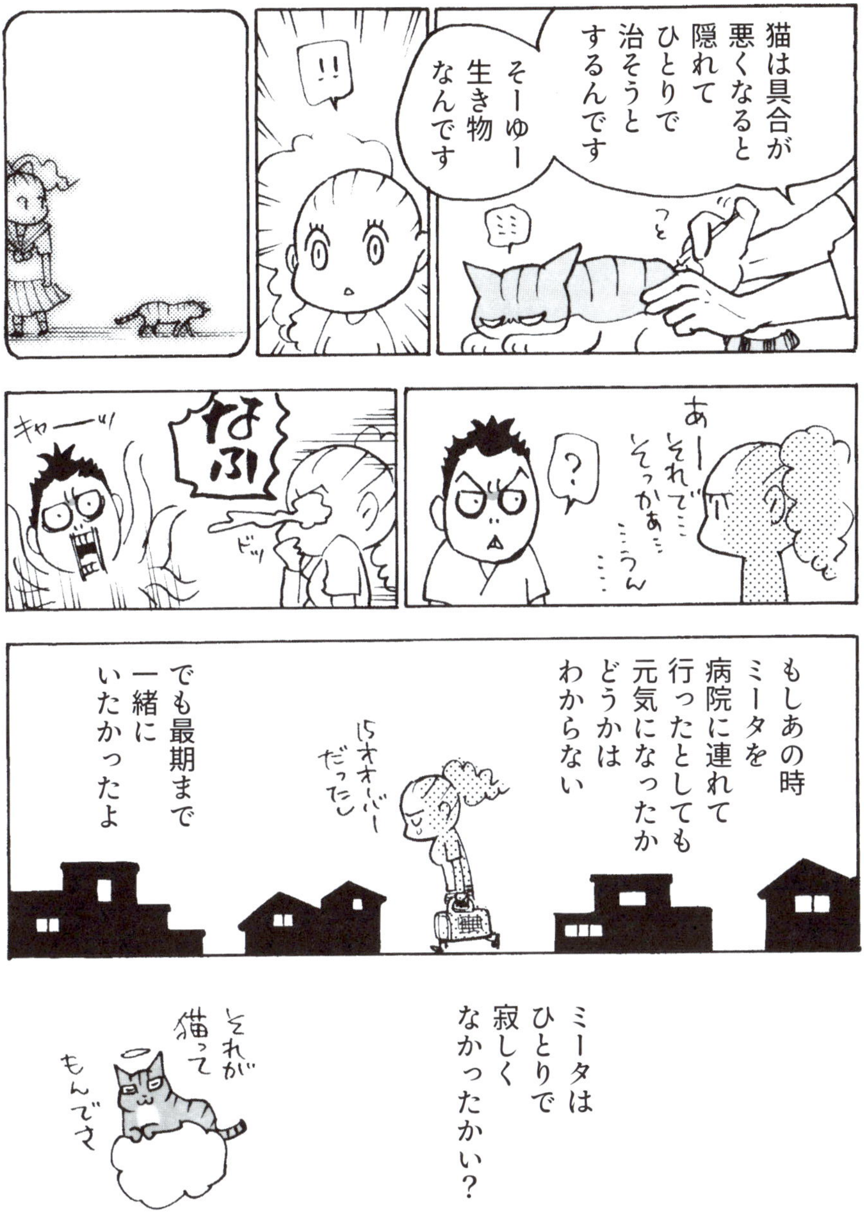
猫は具合が悪くなると隠れてひとりで治そうとするんです
そーゆー生き物なんです
つと
!!
あー
それで…
そっかぁ…
…うん
?
なふ
キャーーッ
ビッ
もしあの時ミータを病院に連れて行ったとしても元気になったかどうかはわからない
15才オーバーだったし
でも最期まで一緒にいたかったよ
ミータはひとりで寂しくなかったかい？
それが猫ってもんですさ

回復するつもりだった。解説は155ページへ

37

電話中に鳴き続けるナゾ

飼い主がしゃべり続ける異常事態

猫には電話が理解できません。「飼い主さんがなぜかひとりでしゃべっている」ようにしか見えないのです。異常事態です。電話ではいつもより高くてハッキリした声で話す人が多いと思いますが、そうすると猫にとっては聞き慣れない声で、ますます不安になって鳴くのでしょう。もしくは自分に話しかけられたと感じて、一生懸命返事をしている場合も。リモート会議を邪魔する猫も同じです。

38

顔に箱がはまると後ずさりするナゾ

野生なら後ずさりすれば抜けられた

自然界にはネズミの巣にしろ木の洞にしろ固定された穴しかなく、顔がはまったときは後ずさりをすれば抜けられたのです。だから現代の猫も、顔に何かがはまると後ずさりします。なかにはエリザベスカラーをつけたり術後服を着せたりすると後ずさりする猫も。ちなみに「猫に紙袋」という慣用句は猫が紙袋を被って後ずさりする様子が由来で、転じて尻込みすることを意味するそうです。

39

なでるとおなかを見せるナゾ

仰向けになるのは反撃や応戦である場合も

猫をなでたら寝転がっておなかを見せてきた。これは「おなかもなでて♡」の場合と、「それ以上やったらコロス」の場合とがあります。仰向けは無防備に見えて、猫にとっては爪と牙を同時に使える反撃ポーズでもあるのです。しっぽがパタパタしたり、ヒゲがピクピクしているときは反撃のほう。イタズラした猫を叱ると仰向けになることがあり、これは「降参、許して」の意味に思えますが、やはり反撃ポーズの場合があるので要注意です。

40

死ぬとき姿を隠すナゾ

猫は回復するつもりで養生していた

猫を含め多くの動物は具合が悪くても他者の前では隠そうとします。野生では弱ったところを見せると襲われる危険が増すからです。飼い主が愛猫を襲うことなどあるわけないのですが、長年の習性を変えることは難しいのでしょう。体調が悪いときはひとり静かなところで養生したがります。それで復活することもあれば、体力が尽きて亡くなってしまうことも。死ぬつもりなどなかったのです。

オレは今日はどこか静かな所で休むよ

マンガ家
くるねこ大和×今泉忠明
動物学者

よもやま噺《ばなし》

くるねこ大和さん&本書監修・今泉忠明先生がひざをつき合わせて猫話。話題は猫から始まってどんどん広がり……？

くるねこ大和

名古屋造形短期大学卒業。2006年、猫との生活をマンガで綴る“くるねこ大和”ブログをスタート。著書に『くるねこ』『はぴはぴ くるねこ』シリーズ（KADOKAWA）、『木戸番の番太郎』シリーズ（幻冬舎コミックス）など。

――はじめに、この本のテーマについて。

くるねこ　はじめまして。今泉先生のファンなんですよ。『ざんねんないきもの事典』のアニメ、全部観てます。

今泉　それはそれは光栄です。

編　この本のテーマは人と猫の認識のズレですが、「飼い主あるある」でもありますね。

今泉　風呂やトイレに猫がついてくるのを、「自分が好かれてるから」と思ったりね……。ただ、僕は思うんだけれども、カン違いでいいのよ。動物行動学上は別の説明になるけど、それじゃ味気ないこともあるしね。むしろ、猫の気持ちなんかわからないほうがいいのかも。

くるねこ　カン違いしてたほうが幸せかも（笑）。

今泉　すべての猫に当てはまるとは限らないしねぇ。そういう余白があったほうがおもしろいと個人的には思ってますよ。

編　飼い主にお尻を向けるのは嫌がらせじゃなくて信頼の証であるとか、マイナスからプラスへイメージが変わる話は、飼い主として知れてよかったかも。

くるねこ　排泄後にカキカキしても全然ブツが隠せてないのは「ちょっとアレ」な子だからなんだと思ってましたが、「前足を動かす」という本能があるだけだから、というのはへーでした。

編　カキカキといえば、キャットフードにカキカキしてるのは「これいらな

猫の気持ちなんかわからないほうがいいのかも。（今泉）

今泉忠明

哺乳動物学者。日本動物科学研究所所長。「ねこの博物館」館長。著書に『猫はふしぎ』（イースト・プレス）、『最新ネコの心理』（ナツメ社）、監修に『ざんねんないきもの事典』シリーズ（高橋書店）、『ねこほん』（西東社）など多数。

い」じゃなくて、「砂や土をかぶせておいて、あとで食べよう」っていう意味なんですよね。

今泉　そう。そうしたら獲物の肉は2〜3日腐らないから。

編　あれってちゃんと忘れずに食べるんですかね？　リスみたいに隠しただけで忘れちゃうなんてことは。

今泉　昔、イリオモテヤマネコを現地で調査したときは1週間経っても隠した場所を探してたから、たぶん忘れずに食べるんじゃないかなあ。

くるねこ　すごい。イリオモテヤマネコかあ。

今泉　飼い猫も、祖先のリビアヤマネコからほとんど遺伝子を変えてないからね。小さな猛獣を家で飼ってるようなもんですよ。

くるねこ　たしかに。昔、ぽっちゃん（くるねこさんの飼い猫）を病院に連れて行って診察台で保定したとき、ぽっちゃんが暴れて私が流血したんですが、壁に横溝正史みたいな血の跡がついちゃったことがありました（笑）。

今泉　たまに野生の血が顔を出すんですよ。猫は犬より野性的な部分が多く残ってるから、かわいい飼い猫かと思えば猛獣になる。そこが猫のおもしろいところだよね。

▲排泄後にトイレ容器や近くの床をカキカキする子は多い。

——オス猫のマーキングはリアルなエピソード。

編　カーテンにオシッコをひっかける話ですが、くるねこさんちのカラスぼんくんは実際やってたんですよね。

くるねこ　アニイ（カラスぼん）は停留睾丸（睾丸が陰嚢内に降りて来ず体内に残っている状態）だったので、去勢手術で睾丸が取れなくて、マーキン

大好きだ……
…と思う
思いたい
格下か？
格下なのか
私は
なぜ
ケツを
向ける
顔は
寄せたく
ないのか？

▲飼い主にお尻を向けるのは信頼の証であり、猫流の挨拶。嫌がらせではナイ。

グ癖が直りませんでしたね。やっぱりホルモンのせいかオシッコが臭くって。

今泉　やっぱりオスのニオイっていうのはメスより臭いんだよね。マーキングで自分をアピールしなきゃいけないから。そういえば人間の女性もね、自分の父親のニオイが一番臭いと感じるんだよ。ある実験で女性を集めて、複数のTシャツのニオイを嗅いでもらって、どれが一番臭いですかと聞くと、自分の父親が着てたTシャツが一番臭いという。誰が着たという情報は伝えていないのにだよ。この能力は近親相姦を防ぐためにあるといわれてるけど、思春期になった娘が「お父さんクサイ」っていうのは本能なんだな。

猫はすべてを持ってる生き物。（くるねこ大和）

くるねこ　すごい。人間の嗅覚もバカにできませんね。

——ヤギを飼って、あらためて。

くるねこ　２０２１年から庭でヤギを飼い始めたんですが、つくづく、「猫はすべてを持ってる生き物」だなあと感じました。抱っこしやすい大きさと重さ、触って心地よいやわらかさ、かわいらしさとか。ヤギは抱えるのが大変だし、蹄も頭もカッタイし、一日中草を食べさせなきゃならないし。猫は食事も短時間で終わるし、なんて飼いやすいんだ！　と。

今泉　ヤギですかー。なんでまた。

くるねこ　以前からかわいいなと思っていまして。ただ飼うのは初めてだしわからないことだらけで。そういえば、ヤギのおなかの健康によい乳酸菌てあります？

今泉　僕、獣医じゃないからねえ……。土、食べさせてる？

くるねこ　土!?

今泉　ヤギを飼っている知り合いが「ヤギには土だ」って言ってたなあ。普通は、草を食べるとき根に土がついてるから自然に摂取するものなんだよ。

くるねこ　うちのヤギぼんずは、草の上のほうしか食べない……。

今泉　それは変わってるねえ。ヤギって岩の上や荒れ地にいるイメージでしょう。あれは植物を根こそぎ食べて荒れ地にしちゃうからなんだな。

くるねこ　なんでうちのヤギぼんずは草の上のほうしか食べないんだろう……。食べ残した分は私が草むしりしてるんですよ。毒性のある植物もたま

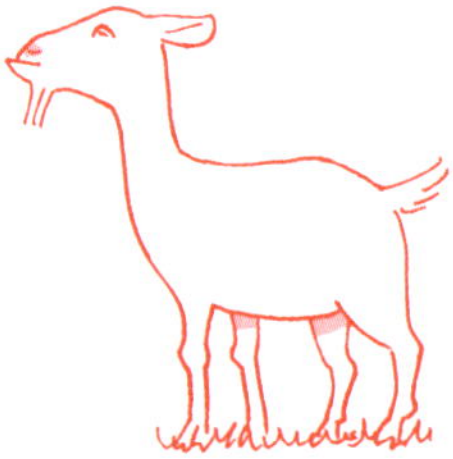

▲くるねこ大和さんは2021年からヤギを2匹、庭でお世話。オレちゃんとボクちゃん兄弟、通称ヤギぼんず。

に生えてるからそれも除草して。ヤギを飼ったら庭の除草ができるなと思ってたんですが、結局自分でしてる。

編　あのう、そろそろ猫の話を……。

――最後のエピソードについて。

編　「猫は死ぬとき姿を隠す」は、令和になった今でもよく言われてますね。猫はそういうカッコいいことやりそうな雰囲気があるからかもしれませんが。よく考えれば非科学的なことなのに、猫だとすんなり信じられちゃう。

今泉　猫は自由を愛するイメージがあるから、死ぬところを見せたくないと思われてるけど、実際は静かなところで養生したいだけなんだよね。そもそも猫は「死」を理解していないから、「死ぬために姿を隠す」っていう発想もない。

くるねこ　昔は放し飼いが普通だったから、猫の死に目に会えなかった人は多かったと思う。

昔は家を出て行ったまま会えない猫もいました。（くるねこ大和）

ここは
ももちゃんの
ナーバリにょ!!

▲飼い猫が窓の外を見ているのは暇つぶしか縄張りの見張りのつもり。外の散歩は不要です。

編　くるねこさんも？

くるねこ　実家で飼っていたマオ氏は実家が大好きで、家を建て直すときにみんなで仮住まいに移り住んだときも、何度も家出してもとの家に戻っちゃう猫でした。でも、最期は家を出て行って会えないまま。

編　最後の話については、くるねこさんから3見開き目「再び人間編」のマンガを提案いただきました。ラストだし、それはいいと思って採用させてもらいました。

くるねこ　実際、室内飼いでも暗くて静かな場所から出てこないときは、具合が悪いことが多いですしね。猫は基本的に体調が悪いことを隠すし、そういう小さなサインを見逃さないでほしい。

編　本当ですね。

くるねこ　幸せなカン違いのところはカン違いのままでもいいし、猫のホントの気持ちを知ってお世話に活かせるならそれがいい。そんなふうにしてこの本が役立ったらいいですね。

今泉　みんなホントに猫が好きだねぇ。

寝ていれば…
いつか良くなる
しばらく
ここで…
眠っていよう

▲猫は死ぬつもりで姿を隠すわけじゃない。昔は、愛猫の死に目に会えないことも多々ありました。

マンガ くるねこ大和《やまと》

blog https://blog.goo.ne.jp/kuru0214
X @kuru0214neko
Instagram @kuru0214neko

blog　X　Instagram

監修 今泉忠明《いまいずみただあき》

編集・執筆 富田園子《とみたそのこ》
ペットの書籍を多く手掛ける編集者、ライター。
日本動物科学研究所会員。

デザイン：bookwall
DTP：ZEST
データ制作協力：ThrustBee Inc.　合原孝明
ベッドルームSTUDIO　佐藤俊彦

ねこのみぞしる

2025年4月15日発行　第1版

監修者　今泉忠明
著　者　くるねこ大和
発行者　若松和紀
発行所　株式会社 西東社
〒113-0034　東京都文京区湯島2-3-13
https://www.seitosha.co.jp/
電話　03-5800-3120（代）
※本書に記載のない内容のご質問や著者等の連絡先につきましては、お答えできかねます。

落丁・乱丁本は、小社「営業」宛にご送付ください。送料小社負担にてお取り替えいたします。
本書の内容の一部あるいは全部を無断で複製（コピー・データファイル化すること）、転載（ウェブサイト・ブログ等の電子メディアも含む）することは、法律で認められた場合を除き、著作者及び出版社の権利を侵害することになります。代行業者等の第三者に依頼して本書を電子データ化することも認められておりません。

ISBN 978-4-7916-3029-5